固体酸碱催化水解氟利昂研究

刘天成　著

科学出版社

北京

内 容 简 介

本书从氟利昂的性质、生产及环境危害出发，力求较为系统地论述氟利昂替代品开发及无害化处理技术。针对催化水解技术，重点介绍了氧化锆基固体酸/碱 MoO_3-TiO_2/ZrO_2、MoO_3(MgO)/ZrO_2、MgO(CaO)/ZrO_2、MoO_3-MgO/ZrO_2 等催化水解含低浓度氟利昂的工业废气，内容主要涉及氧化锆基固体酸/碱制备方法、制备条件及物理化学性质对氟利昂水解的影响，催化水解条件和催化水解机理，固体酸/碱催化水解氟利昂的等效性和同一性。

本书可供从事固体酸碱催化剂设计、制造、研究开发，以及含氟氯烷烃及全氟烷烃的工业废气的无害化处理及相关工作的工程技术人员、科研人员阅读，也可作为高等院校催化、大气污染控制及有关专业师生的参考用书。

图书在版编目(CIP)数据

固体酸碱催化水解氟利昂研究/刘天成著. 一北京：科学出版社，2021.12
ISBN 978-7-03-070157-2

Ⅰ. ①固… Ⅱ. ①刘… Ⅲ. ①二氟甲烷-二氯甲烷-水解-研究
Ⅳ. ①O623.21

中国版本图书馆 CIP 数据核字(2021)第 220646 号

责任编辑：霍志国　孙静惠/责任校对：杜子昂
责任印制：吴兆东/封面设计：东方人华

科 学 出 版 社 出版
北京东黄城根北街 16 号
邮政编码：100717
http://www.sciencep.com

北京中石油彩色印刷有限责任公司 印刷
科学出版社发行　各地新华书店经销
*
2021 年 12 月第　一　版　开本：720×1000　1/16
2021 年 12 月第一次印刷　印张：10 3/4
字数：214 000

定价：98.00 元
(如有印装质量问题，我社负责调换)

前　言

氟利昂(氟氯烃类衍生物，chlorofluorocarbons，CFCs)，因其优良的物理化学性质曾被广泛用于生产生活中的各行业。但因氟利昂是一类主要的臭氧层破坏与温室效应气体，对地球生态环境及人类健康造成了严重的危害，氟利昂无害化与资源化处理技术仍然是当今环保领域的研究热点。本书利用 ZrO_2 负载固体酸/碱性氧化物催化水解氟利昂(以 HCFC-22 及 CFC-12 为例)，较为系统地研究了固体酸/碱性氧化物催化剂的制备条件、催化水解氟利昂的工艺条件和固体酸/碱催化水解氟利昂的相似性和同一性。

采用混合沉淀过饱和浸渍法制备固体酸 MoO_3-TiO_2/ZrO_2 催化剂。调节控制钛锆物质的量比、浸渍液$(NH_4)_6Mo_7O_{24}\cdot 4H_2O$ 浓度、浸渍温度、浸渍时间、焙烧温度和焙烧时间；研究考察了 HCFC-22 和 CFC-12 的催化水解工艺，如催化剂用量、HCFC-22(CFC-12)流量、水蒸气体积分数、催化水解温度等，HCFC-22(CFC-12)的水解率达到90%以上。水解产物有 CO、CO_2、HF 和 HCl 气体；主要结构为立方形 $Zr(MoO_4)_2$ 的 MoO_3-TiO_2/ZrO_2 催化剂表现出了较高的催化活性及选择性。反应后的 TiO_2 和 TiO_2-ZrO_2 催化剂含有一定量的氟素与氯素，导致催化活性和选择性降低，在氟利昂水解产物中检测出一定量的氟氯烃化合物。催化剂 MoO_3-TiO_2/ZrO_2 构成的各组分催化活性顺序为：a-TiO_2>t-MoO_3-TiO_2/ZrO_2>am-TiO_2-ZrO_2>t-ZrO_2>t-MoO_3；催化选择性顺序为：t-MoO_3>t-MoO_3-TiO_2/ZrO_2>a-TiO_2>am-TiO_2-ZrO_2>t-ZrO_2。

采用共沉淀法制备 MgO/ZrO_2 固体碱催化剂，研究了镁锆物质的量比、焙烧温度、焙烧时间等的影响。采用过饱和浸渍法制备 CaO/ZrO_2 固体碱催化剂，考察了浸渍液 $CaCl_2$ 浓度、浸渍时间、浸渍温度、焙烧温度、焙烧时间的影响。研究了催化水解 CFCs 的工艺条件，如催化剂用量，HCFC-22、H_2O(g)和 O_2 物质的量浓度，总流速为 5 mL/min。使用 MgO/ZrO_2 和 CaO/ZrO_2 催化剂催化水解 HCFC-22 和 CFC-12，对 HCFC-22 和 CFC-12 有较高的催化活性，使用 MgO/ZrO_2 催化水解 HCFC-22 时，水解率为 98.90%；催化水解 CFC-12 时，水解率为 93.27%。使用 CaO/ZrO_2 催化水解 HCFC-22 时，水解率为 97.09%；催化水解 CFC-12 时，水解率达为 92.59%。产物均为 HCl、HF 以及 CO、CO_2。同时研究了 MgO/ZrO_2 和 CaO/ZrO_2 催化剂催化水解 HCFC-22 和 CFC-12 混合气，HCFC-22 和 CFC-12 物质的量比为 1∶1，5.0%(摩尔分数)O_2，30%(摩尔分数)H_2O(g)，其余为 N_2，总转化率均在 90%以上，表现出良好的催化活性。CaO/ZrO_2 对氟利昂的催化效果

稍低于 MgO/ZrO_2。对催化剂结构表征表明，MgO/ZrO_2 催化剂为立方晶相结构，经焙烧，MgO 高度分散在 ZrO_2 中，且该催化剂为棉花状，比表面积较大；CaO/ZrO_2 催化剂为立方晶相结构，焙烧后，形成了一种固溶体。

利用混合共沉淀过饱和浸渍法制备 MgO/ZrO_2、MoO_3/ZrO_2 和复合催化剂 MoO_3-MgO/ZrO_2，催化水解低浓度氟利昂 HCFC-22 和 CFC-12，系统研究了催化剂 MoO_3-MgO/ZrO_2 的制备工艺和制备条件，以及催化水解工艺。研究 MoO_3-MgO/ZrO_2 催化剂制备条件，如 $MgCl_2 \cdot 6H_2O$、$ZrOCl_2 \cdot 8H_2O$ 和浸渍液 $(NH_4)_6Mo_7O_{24} \cdot 4H_2O$ 浓度、浸渍温度、浸渍时间、焙烧温度、焙烧时间。水解条件包括催化剂用量、氟利昂浓度、催化水解温度。HCFC-22 水解率达到 99.09%，CFC-12 水解率达到 97.93%，MoO_3-MgO/ZrO_2 对 HCFC-22 和 CFC-12 均表现出了良好的催化性。催化剂结构表征结果表明，催化剂 MoO_3-MgO/ZrO_2 结晶性能较好，反应前后物料组成无变化；具有较大的比表面积和孔体积，有利于活性组分的负载，是一种介孔高活性物质；表面具有两个弱酸中心和一个中强酸中心，水解产物含有大量的 HF 和 HCl。

研究了固体酸 MoO_3/ZrO_2 和固体碱 MgO/ZrO_2 催化水解 HCFC-22 和 CFC-12 的等效性和同一性。考察了焙烧温度和催化剂制备方法等对水解性能的影响，表征了催化剂，探讨了固体酸（碱）MoO_3（MgO）/ZrO_2 催化水解氟利昂的等效性和同一性。采用浸渍法制备了固体酸 MoO_3/ZrO_2，讨论了制备条件如焙烧温度、焙烧时间、浸渍温度、浸渍时间的影响。在一定水解温度时 HCFC-22 的水解率达到 99.99%，CFC-12 的水解率达到 98.91%；采用共沉淀法和浸渍法制备了固体碱 MgO/ZrO_2，在一定焙烧温度、焙烧时间、浸渍温度、浸渍时间，在一定水解温度时 HCFC-22 的水解率达到 98.03%和 96.41%，CFC-12 的水解率达到 98.13%和 99.64%；对 MoO_3/ZrO_2 和 MgO/ZrO_2 进行表征。从催化剂用量、水解产物和水解效果对固体酸 MoO_3/ZrO_2 和固体碱 MgO/ZrO_2 催化水解 HCFC-22 和 CFC-12 进行等效性研究，600℃ 3h 焙烧的固体酸 MoO_3/ZrO_2 在水解温度为 300～400℃时，HCFC-22 和 CFC-12 的水解率均为 95%～100%，催化剂用量为 1.0g，水解产物为 CO、HCl 和 HF，具有催化等效性。以共沉淀法制备的 600 ℃焙烧 6h 的固体碱 MgO/ZrO_2 在水解温度为 350～400℃对 HCFC-22 的水解和 700℃ 6h 焙烧的固体碱 MgO/ZrO_2 在水解温度为 300～400℃对 CFC-12 的水解具有等效性。以浸渍法制备的 700℃ 6h 焙烧的固体碱 MgO/ZrO_2 在水解温度为 250～400 ℃对 HCFC-22 的水解和 600℃ 6h、700℃ 6h 焙烧的固体碱 MgO/ZrO_2 在水解温度为 300～400℃对 CFC-12 的水解具有等效性；从水解产物、水解过程和水解效果对固体酸 MoO_3/ZrO_2 和固体碱 MgO/ZrO_2 催化水解 HCFC-22 和 CFC-12 进行同一性研究，600℃ 3h 焙烧的固体酸 MoO_3/ZrO_2 和 600℃ 6h、700℃ 6h 焙烧的固体碱 MgO/ZrO_2（共沉淀法）、700℃ 6h 焙烧的固体碱 MgO/ZrO_2（浸渍法），在水解温度为 350～400℃，HCFC-22 的水解率均为 95%～100%，水解产物都为 CO、HCl 和 HF，水解过程相同，具有催化同一性。600℃ 3h 焙烧的固体酸 MoO_3/ZrO_2 和 700℃ 6h 焙烧的固体碱 MgO/ZrO_2(共沉淀法)、600℃ 6h 和 700℃ 6h 焙烧的固体碱 MgO/ZrO_2(浸渍法)，在水解温度为 300～400℃，对 CFC-12 的水解具有同一性。

本书工作的完成首先要感谢国家自然科学基金项目(NO：51568068)的资助。感谢带我走向科研之路的我的导师昆明理工大学宁平教授和王亚明教授的悉心指导和培养。感谢课题组其他老师和学生的付出，特别是为本课题开展付出艰辛实验研究的黄家卫、赵光琴、周童、任国庆等。同时，感谢在工作和生活上关心和支持我的家人，尤其是我的妻子常玉女士。本书由云南民族大学博士点建设经费资助出版，科学出版社霍志国和孙静惠编辑为本书的出版倾注了大量心血和帮助，在此一并表示衷心感谢！

刘天成

2021 年 11 月于昆明

目　录

第1章 绪 论

1.1 选题背景

1.1.1 研究目的

20世纪30年代氟利昂由美国杜邦(DuPont)公司率先实现工业化生产并将其运用于军工行业[1]。氟利昂主要是由H、F、C、Cl构成的卤代烃类物质，为烷烃类衍生物，按其构成可分为全氟氯烃(CFCs)、含氢氟氯烃(HCFCs)、氢氟烃(HFCs)、全氟烃(PFCs)等种类。随着科技的飞速发展，至20世纪80年代氟利昂因其优良的物理化学性质被喻为“完美工质”而广泛运用于社会生活中的各个领域，其产量已达到300万t[2]。

早期氟利昂在使用过后通常直接排放到大气环境中，直至1974年，加利福尼亚大学的Rowland教授及Molina博士在*Nature*期刊上发表了一篇关于氟利昂破坏臭氧层的文章，提出了氟利昂破坏臭氧层的机理及对环境的危害[3]，之后氟利昂对环境的危害才受到人类的重视。随着科技的发展及全世界专家学者对氟利昂破坏臭氧层的深入研究，这一理论得到了公认，Rowland和Molina两位科学家也因这项研究发现荣获了1995年的诺贝尔化学奖。虽然氟利昂在大气中的含量较低，但科学家观测到的“臭氧洞”充分展现了氟利昂对环境影响之深，臭氧层的破坏会导致大量紫外线直射地面，使人患上某些疾病的概率显著上升，同时过强的紫外线也会影响到许多动植物的生长，造成严重的生物危害[4]。另外，每分子氟利昂产生的温室效应是CO_2的3400～15000倍，大量未经处理的氟利昂气体直接排放到大气中加重了地球的温室效应，导致两极冰川融化、海平面上升，对沿海国家及地区造成严重威胁，与此同时还会造成世界范围内的气候反常，致使许多农作物无法耕种及生长，从而影响经济的发展，可见氟利昂对环境生态的影响很严重。

氟利昂给地球环境及生态造成了严重危害，因此解决氟利昂所带来的环境及生态危害是人类必须要面对的问题。针对该问题，各个国家都已采取了积极的行动。1985年在联合国环境规划署的推动下，率先使用氟利昂产品的多个发达国家制定了《保护臭氧层维也纳公约》，要求各国限制氟利昂的使用以保护臭氧层[5]。随着保护意识的增强，1987年，在加拿大蒙特利尔多国签署了《关于消耗臭氧层物质的蒙特利尔议定书》（简称《议定书》），对包含CFCs在内的8种消耗臭氧物质提出了削减使用的时间要求。之后有163个国家参与到该协议中来。随着时间的推移，联合国又组织了多次会议，对《议定书》进行了多次修改，加强了对氟氯烃类物质的限定使用力度，修改后的《议定书》明确规定发展中国家要在2010年停止使用CFCs、CFCB、CCl_4、CH_3CCl_3。1992年我国正式加入了《议定书》，次年2月，我国政府批准了《中国消耗臭氧层物质逐步淘汰国家方案》,该方案明确提出我国要在2010年淘汰消耗臭氧层物质。同时，在联合国环境规划署的推动下许多科研机构也对氟利昂的污染问题开展了很多研究，希望开发氟利昂的替代品来解决氟利昂对环境的破坏问题，而此方法也存在一定的局限性，如新开发的CFCs替代品未必能够完全适用于现已生产出的设备中。因此寻找合适的氟利昂替代物及对已生产和残留在废弃设备中氟利昂的无害化处理已成为全球瞩目的科研项目。

自CFCs的危害被人们认识以来，各国都在积极研究氟利昂的无害化处理技术。日本自1990年7月起，正式投入经费研究CFC-12无害化处理技术，成功开发了高频等离子分解CFC-12技术，在世界范围内首次实现了对氟利昂的无害化处理，欧美国家科学家采用催化分解法[6]，在氟利昂无害化处理方面的研究也取得了一定的成果，近年来我国也加大了对CFCs无害化处理的研究，在微波等离子技术分解CFC-11方面也取得了一些进展。

目前在已报道的文献中，氟利昂无害化处理技术虽然较多，但都停留在实验室的研究阶段，难以对氟利昂实现无害化批量处理。近年来，随着催化研究领域的飞速发展，氟利昂的催化水解无害化处理技术成为新的研究热点，但催化剂种类繁多、催化性能及选择性能各异，因此筛选出合适的催化剂及催化水解工艺成为氟利昂催化水解无害化处理技术必不可少的基础。本书选取MoO_3-TiO_2/ZrO_2为催化剂对催化剂构成体系及催化水解CFCs(以HCFC-22及CFC-12为例)的工艺进行了系统研究，为将来大批量无害化处理CFCs提供了一定理论依据。

1.1.2 研究意义

1930年美国杜邦公司率先实现氟利昂的工业生产以来，其就因优良的物理化学性能被广泛用于现代生活的各个领域[7]，如清洁剂、制冷剂、喷雾剂、保温材料、发泡剂等领域。但氟里昂在使用过程中往往直接排放到大气环境中，氟利昂性能稳定，直接排放到大气环境中既消耗平流层中的臭氧，也增强了地球的温室效应，其广泛使用、无限制排放的后果非常严重，如CFCs排入大气中破坏臭氧层后使白内障及皮肤癌患者显著增加，此外臭氧导致的温室效应还会造成气候异常，两极冰川融化后海平面上升，直接威胁人类的生存。

自Rowland及Molina提出氟利昂对臭氧层的危害以来，全世界各国的专家学者就在不断研究解决路径，其中氟利昂替代品HCFC-22的开发曾为地球环境及生态带来过一丝曙光，但随着研究的不断深入，人们发现 HCFC-22 对臭氧也有较强的破坏性，同时 HCFC-22 致温室效应能力也较强，因此加速淘汰及无害化处理 HCFC-22 成为各国面临的实际问题。我国于 2010 年 6 月 1 日正式开始实施的《消耗臭氧层物质管理条例》，条例规定更多的省份应尽快加入到回收氟利昂的行列中来。因此开发具有自主知识产权的、能够无害化处理氟利昂和利用现存回收氟利昂的技术成了当务之急，其对国家具有重要的战略意义。加速 CFC-12 及其主要替代品 HCFC-22 淘汰和对两者无害化处理势在必行。

2015 年 12 月，世界气候大会在法国巴黎成功举行，最终各国共同达成史无前例且具有法律约束力的《巴黎协定》。根据该协定，参会各国同意必须加强对全球气候变化带来的灾难应对措施，将全球平均气温升幅与前工业化时期相比控制在 2℃以内，并继续努力争取把温度升幅限定在 1.5℃之内，以大幅减少气候变化的风险和影响。此外，该协定还指出，发展中国家应该依据不同的国情继续强化减排并逐渐实现减排或限排目标。我国是世界上最大的发展中国家，HCFC-22 的生产和消费量占全球 60%以上[7]，因此我国的履约行动对世界的影响巨大而深远。另外据一些媒体报道，中国将提前成为世界温室气体排放最大国，并将承担越来越大的国际压力[8]。如果这些氟利昂气体直接排放到大气中，那么我国将可能面临无法履行《巴黎协定》的尴尬局面。本书针对大量低浓度氟利昂气体排放的实际情况，提出了固体酸/碱 MoO_3-TiO_2/ZrO_2、MoO_3(MgO)/ZrO_2、MgO(CaO)/ZrO_2、MoO_3-MgO/ZrO_2 等催化水解低浓度氟利昂技术，将氟利昂(以 HCFC-22 和 CFC-12 为例)和水蒸气混合后通过装有催化剂的催化反应床，对催化水解条件及回收利用氟利昂分解产物的方法进行了系统研究，以期提高氟利昂的水解率及操作的稳定性，主要解决氟利昂污染问题，为我国降低危害及无害化处理氟利昂以及全氟烷烃工作奠定良好技术储备和支持。

1.1.3 研究内容

本书以 HCFC-22(HCFC-22 是目前使用量最大的氟利昂替代物之一)及 CFC-12(废旧设备中残留较多)为主要处理对象，遵循由易到难的科学研究规律，先对稳定性稍弱的 HCFC-22 进行催化水解研究，再对稳定性较强的 CFC-12 进行催化水解研究。本书将 HCFC-22 或 CFC-12 与水蒸气混合后，通入装有催化剂的反应床进行催化降解，氟利昂降解产生的 HCl 及 HF 再通过吸收装置将反应后的酸性气体吸收、中和，使之变为人类可以利用的资源，从而达到氟利昂的无害化和资源化处理。本书分别对 HCFC-22 及 CFC-12 进行催化水解研究，得出了两者的催化水解工艺。主要研究内容为催化剂类型选择及制备条件；氟利昂与水蒸气的混合技术；低浓度氟利昂水解工艺条件；水解机理探讨。为开拓氟利昂无害化及资源化提供新的应用基础，具体研究内容主要包括如下几点。

(1)固体酸 MoO_3-TiO_2/ZrO_2 催化水解 HCFC-22 和 CFC-12。MoO_3-TiO_2/ZrO_2 催化剂的组分和制备工艺条件，氟利昂与水蒸气的配比，水解温度对氟利昂水解的影响研究，HCFC-22 催化水解机理分析研究。

(2)固体碱 MgO(CaO)/ZrO_2 催化水解 HCFC-22 和 CFC-12。MgO/ZrO_2 催化剂的制备条件优化，催化水解低浓度 HCFC-22、CFC-12 以及 HCFC-22 和 CFC-12 混合气催化条件以及催化性能的考查；CaO/ZrO_2 催化剂的制备条件优化，催化水解低浓度 HCFC-22、CFC-12 以及 HCFC-22 和 CFC-12 混合气催化条件及催化性能的考查。探讨了不同原料物料的组成、不同种类催化剂的制备以及制备条件对催化剂的水解率的影响，水解温度、水蒸气浓度、气体总流速对氟利昂水解率的影响，催化剂形貌对氟利昂水解率的影响以及寿命考查，尾气分析与处理研究。

(3)复合氧化物 MoO_3-MgO/ZrO_2 催化水解 HCFC-22 和 CFC-12。以 HCFC-22 和 CFC-12 水解率的高低评价 MoO_3-MgO/ZrO_2 催化剂的催化活性，优化催化剂的制备条件。研究催化剂的制备方法及制备条件、水解温度和水蒸气浓度对氟利昂水解率的影响、催化剂的寿命考查、产物与尾气的分析和处理、催化剂表征分析。

(4)锆基固体酸碱 MoO_3(MgO)/ZrO_2 催化水解 HCFC-22 和 CFC-12 的等效性和同一性研究。研究催化剂的制备方法，XRD、N_2 等温吸附-脱附、NH_3-TPD 和 CO_2-TPD 的表征分析，固体酸 MoO_3/ZrO_2 催化水解 HCFC-22 和 CFC-12 等效性与固体碱 MgO/ZrO_2 催化水解 HCFC-22 和 CFC-12 等效性，固体酸(碱)MoO_3(MgO)/ZrO_2 催化水解 HCFC-22 同一性和固体酸(碱)MoO_3(MgO)/ZrO_2 催化水解 CFC-12 同一性。

1.2 固体酸/碱催化水解氟利昂技术研究现状

1.2.1 氟利昂生产方法简介

1. *HCFC-22 的生产方法*

二氟一氯甲烷(CHF_2Cl，HCFC-22)是 CFC-12 最重要的替代物，是主要以氯仿和氢氟酸为原料，通过逐步催化氟化反应制得的含氟氯碳氢化合物，其反应原理如下所示。

主反应：

$$CHCl_3 + HF \xrightarrow{\text{催化剂}} CHFCl_2 + HCl \quad (1.1)$$

$$CHFCl_2 + HF \xrightarrow{\text{催化剂}} CHF_2Cl + HCl \quad (1.2)$$

副反应：

$$CHF_2Cl + HF \xrightarrow{\text{催化剂}} CHF_3 + HCl \quad (1.3)$$

由以上反应可知，HCFC-22 生产较为容易，但无论是 CFC-12 还是 HCFC-22 生产都有大量的 HCl 产生，这势必会对生产工厂周边环境造成一定的污染。HCFC-22 是目前使用量最多的氟利昂替代物之一，虽然对臭氧层的破坏能力要远远小于 CFC-12，但其致温室效应远远高于二氧化碳，如果这些氟利昂在使用过程中直接排放到大气环境中，那么势必会给地球生态带来严重的危害。

2. CFC-12 的生产方法

CFC-12 的工业化生产方法通常有甲烷氟氯化法、氯代甲烷氟化取代法及歧化反应法等方法，根据不同的反应选择不同的反应原料及催化剂[9]。

目前，国内生产 CFC-12 一般采用液相催化反应法和歧化反应法两种方法。国内 CFC-12 的生产方法基本上与国外大多数生产企业的工艺路线一致，以氯化甲烷和无水氟化氢为原料，以五氯化锑作为催化剂在加压反应釜(釜内的温度控制在 55～100℃之间，压力控制在 1.2～1.6 MPa)中进行液相催化反应。反应后的物料经过后期一系列处理获得合格产品。大部分 CFC-12 的生产，基本以 HF 和 CCl_4 为原料，采用五氯化锑为催化剂在氟化反应器中完成催化反应，其反应原理如下所示。

主反应:

$$CHCl_3 + HF \xrightarrow{\text{催化剂}} CHFCl_2 + HCl \tag{1.4}$$

副反应:

$$CHFCl_2 + HF \xrightarrow{\text{催化剂}} CHF_2Cl + HCl \tag{1.5}$$

$$CHF_2Cl + HF \xrightarrow{\text{催化剂}} CHF_3 + HCl \tag{1.6}$$

在反应过程中主要产物是 CFC-12，与此同时还会掺杂 CFC-11、CFC-13 及大量的 HCl，反应完成后通过回流精制、分离、吸收产生的 HCl，最终经过压缩冷凝得到 CFC-12 成品。生产氟利昂的主要原料为萤石，该矿藏较多且开采便宜，因此 CFC-12 的生产成本较低，这也是氟利昂被大量使用的主要原因。

1.2.2 氟利昂的性质

氟利昂的种类很多，一般在常温、常压下呈气体，略有芳香味，在低温或者加压条件下以透明状的液态存在，能与卤代烃、一元醇及其他有机溶剂(如油、苯、酮、氯仿等)以任何比例混溶，与氟制冷剂之间也能互溶。简而言之，氟氯烃类物质是烷烃类物质上的氢元素被卤族元素(F、Cl、Br)所置换，置换程度不同，其表现出来的性质也存在一定的差异。化学分子式中氟原子数越多，对臭氧的破坏性越大，对人体危害性越高，化学稳定性越好。燃烧性能随分子式中氢元素的减少而降低，蒸发温度随氯原子数的增加而升高[10]。但氟氯烃类物质的很多物理化学性质比较相似[11]。本书研究选择的 HCFC-22 及 CFC-12 的主要特性见表 1.1。

表 1.1　HCFC-22 和 CFC-12 主要特性表

氟利昂	熔点/℃	沸点/℃	稳定性	危险性	主要用途
HCFC-22	–146	–40.8	一般稳定	不燃烧，低毒	制冷剂
CFC-12	–158	–29.8	较稳定	不燃烧，低毒	制冷剂

国际上对氟利昂有专门的命名法则，按分子式的不同其名称也就不同，具体的命名法则为：碳减一，氢加一，氯不计，氟数不变[12]。

1.2.3　氟利昂的危害

1. *破坏臭氧层*

地球的臭氧层位于距地面 10～50 km 的平流层中，其中在 20～30 km 距离中浓度最大。臭氧为淡蓝色气体，具有较强的氧化性，常用作杀菌剂或消毒剂。破坏臭氧层是氟利昂最主要的危害。统计表明，在破坏臭氧层的所有物质中氟利昂占 95%以上。

臭氧能吸收太阳发射的波长为 0.20～0.29 μm 的紫外线，据统计，臭氧层能吸收宇宙中约 99%的紫外线，从而使地球上的物种免于强烈紫外线的伤害。据分析，当位于地球平流层上的臭氧减少时，人类患上某些疾病的概率显著增加，其影响陆地动植物和海洋生物的生长[13]。

氟利昂是一种非常稳定的惰性气体，通常情况下排放到大气中会长期稳定存在，寿命可达数十年甚至上百年[14]，最终它们随气流活动到达臭氧层，在此被强烈的紫外线照射后分解产生对臭氧具有破坏性的原子氯(即活性氯自由基 Cl·)，继而发生如下链式反应：

$$CF_xCl_y \xrightarrow{UV} CF_xCl_{y-1} + Cl\cdot \tag{1.7}$$

$$Cl\cdot + O_3 \longrightarrow ClO\cdot + O_2 \tag{1.8}$$

$$O_2 \longrightarrow 2O\cdot \tag{1.9}$$

$$ClO\cdot + O\cdot \longrightarrow Cl\cdot + O_2 \tag{1.10}$$

$$O\cdot + O_3 \longrightarrow 2O_2 \tag{1.11}$$

由以上反应可以看出，氟氯昂进入平流层中消耗臭氧，仅充当了催化剂的角色，理论上它能无限制地消耗臭氧层，可见氟利昂对臭氧层的危害很大，因此必须限制氟利昂的生产与使用。

2. 温室效应

表 1.2 中以 CO_2、HCFC-22 及 CFC-12 为例，CO_2 全球变暖潜能值(GWP)记为 1，展示了氟利昂在对流层中的存在寿命及其温室效应潜能值。

表 1.2 HCFC-22 和 CFC-12 的存在寿命和温室效应潜能值

名称	在对流层中存在寿命/年	温室效应潜能值
CO_2	120	1
HCFC-22	15	1500
CFC-12	100	10600

由表 1.2 可知，氟利昂的致温室效应能力较强，是 CO_2 的 1000 倍以上。大量未经处理的氟利昂直接排放会导致全球暖化，两极冰川融化，海平面上升，给陆地上的生物及沿海国家带来巨大灾难。一项研究表明，当海平面上升 1m 时，发展中国家将会产生 5600 万难民[15]。

1.2.4 氟利昂无害化处理方法

随着科学技术的发展及环保意识的增强，人类逐渐意识到对常规的气体污染物可以采取的控制措施主要有：①促进扩散；②改变生产过程，降低污染物排放；③应用下游污染控制设备。但由于氟利昂气体的特殊性质，这些常规方法显然不适用于解决氟利昂所带来的污染问题。因此必须采用一些特别的措施来控制氟利昂气体的污染。目前世界范围内公认处理氟利昂的措施有：①将排放出的污染物转化成无害物质；②在生产过程中尽可能地减少污染物的排放量；③用新的化学制品取代对环境有害的物质，从根本上排除污染问题[16]。虽然 1987 年 46 个国家在伦敦签署了《议定书》，此后很多国家也参与到该项行动中，但到目前为止，已生产及一些设备中仍存有大量的氟利昂，如果这些气体直接排放进入大气中，那么将会给地球生态带来巨大的灾难。因此必须在世界范围内严格禁止氟利昂的生产和使用，建立严格的保护臭氧层的全球机制，开发对氟利昂无害化资源化处理的技术是当务之急。

1. 禁止氟利昂的生产与使用

自氟利昂对环境的危害被人们认识以来，联合国就积极组织各国参与保护地球臭氧层的活动中来。自 1976 年起，联合国环境规划署就开始组织各国陆续召开各种以保护臭氧层为主题的国际会议，通过了一系列保护臭氧层的决议，而氟利昂是《议定书》中最先提出需要淘汰的物质之一。表 1.3 列出了《议定书》中部分第一类受控物质的淘汰时间[17]。

表 1.3 《议定书》中部分第一类受控物质的淘汰时间表

地区	受控氟利昂	时间及要求
发达国家	CFC-11，CFC-12	1989 年 7 月 1 日起，生产量和消费量冻结在 1986 年的水平
	CFC-113，CFC-114	1994 年 1 月 1 日起，削减冻结水平的 75%
	CFC-115	1996 年 1 月 1 日完全停止生产与消费
发展中国家	CFC-11，CFC-12	1999 年 7 月 1 日起，生产量和消费量冻结在 1995～1997 三年的平均水平上
	CFC-113，CFC-114	2005 年 1 月 1 日起，削减冻结水平的 75%
	CFC-115	2010 年 1 月 1 日完全停止生产与消费

随着地球环境的日益恶化，越来越多的国家开始重视对环境的保护，目前《议定书》已得到 163 个国家的批准。我国于 1991 年 6 月加入《议定书》，国家相关机构于 1992 年制定了《中国消耗臭氧层物质逐步淘汰国家方案》，该方案在 1993 年初得到国务院与《议定书》多边基金执委会的批准。在履行《议定书》协定方面，我国制定了相关的措施，同时采取了积极的行动，率先实现《议定书》规定的发展中国家 CFCs 的淘汰计划等，得到了国际社会的普遍赞扬。

2005 年底，我国氟利昂生产和消费量较 90 年代的平均水平下降了 60%，按照国家加速淘汰臭氧耗损物质(ozone depleting substances，ODS)计划的要求，2007 年 7 月我国下发实施了最后一个氟利昂行业淘汰计划[18]，至此中国已在 2007 年全部停止了非必要用途的氟利昂和哈龙的生产和消费[19]，该方案的成功实施使我国比《议定书》上承诺时间提前两年半。截至 2008 年底，《议定书》多边基金执委会已批准中国 17 个行业整体淘汰计划[20]。其为彻底解决 CFCs 污染问题起到了不可替代的作用。从 1994 年起，科学家观测到了对流层中氟利昂浓度下降，但由于氟利昂的化学稳定性，同时在分解臭氧时仅仅充当了催化剂的角色，因此平流层内受到破坏的臭氧层的恢复仍需要很长时间。

2. 氟利昂替代品的开发研究

自氟利昂对环境的危害被人们认识以来，各国积极开展对氟利昂的生产及消费的管制，氟利昂替代技术[21,22]成为各国专家学者研究的热点。只有开发出完全能够替代氟利昂的产品，才能从根本上消除氟利昂对环境的危害。氟利昂的替代品一般要满足：①必须符合环境保护的要求，即替代物的消耗臭氧潜能值(ozone depleting potential，ODP)和 GWP 值一般都要小于 0.1；②必须符合使用性能的要求，即替代物的热力学性质和应用物性等，能符合制冷、发泡、清洗等各行业对它们性能的要求；③满足实际可行性的要求，包括替代物生产工艺、设备的匹配以及安全性、经济性等。

目前替代 CFC-12 作为制冷剂的主要是 HCFC-22；替代 CFC-11 作为聚氨酯发泡剂的主要是 HCFC-12 及 HCFC-14 b；替代清洗剂 CFC-113 的产品主要有 HCFC-225ca 和 HCFC-225cb 的混合物[23-26]。目前使用量最大的替代物是 HCFC-22，这些替代物虽然较之前的物质对臭氧层的破坏性有所降低，但终究不是长远之计。因此加速淘汰这些替代品势在必行。表 1.4 为一些常见替代物的性质[26]。

表 1.4 常见替代物的性质

名称	分子式	凝固点/℃	沸点/℃	ODP 值	GWP 值	寿命/年
R-11	CCl_3F	–111	23.82	1	1	59.4
R-123	$CHCl_2CF_3$	—	27.0	0.017	0.021	19
R-12	CCl_2F_2	–155	–29.8	0.93	3.2	121.7
R-152a	CH_3CHF_2	–117	–25.0	0	0.035	1.7
R-134a	CF_3CH_2F	–96.6	–26.2	0	0.035	18.3
R-22	$CHClF_2$	–160	–40	0.049	0.039	17.8

消除氟利昂对环境的危害，另一种可行的方案就是采用非氟制冷剂。目前开发的制冷技术主要有：吸收式制冷、气体制冷、蒸气喷射式制冷、热电制冷、吸附式制冷和磁制冷等形式[27]。但要彻底消除氟利昂对地球生态的破坏，宜采用非氟制冷，在这条路上各国专家学者任重而道远。

3. 氟利昂无害化处理技术

尽管氟利昂的生产与应用已受到了各国严格限制，替代品也在加快步伐开发，但现在世界上还有超过 200 万 t 氟利昂存在于废旧设备中等待处理[28]，如果这些氟利昂没有得到妥善处理而直接排放到大气中，那么前期针对氟利昂无害化处理所做的举措将毫无意义。无害化处理这部分氟利昂是当前所需解决的迫切任务。该任务不仅涉及技术问题，还涉及经济问题。采用可靠且低成本的甚至资源化处理的技术方法，是降解与利用氟利昂的原则。

很多发达国家对氟利昂无害化处理技术的开发时间较早[29]，在氟利昂无害化处理领域取得了很多有价值的研究。由于我国特殊的国情，对氟利昂的无害化处理技术研究起步较晚，但我国一些科研人员利用微波等离子技术降解氟利昂也获得了一些有价值的研究成果，例如，复旦大学高滋研究组对催化降解 CFC-12 做了大量基础性研究工作，昆明理工大学在燃烧分解、熔融碱催化以及固体酸碱催化降解 CFC-12 方面也取得了一系列研究进展[30]。目前世界范围内氟利昂的无害化处理技术及其特点如表 1.5 所示。

表 1.5　氟利昂的无害化处理技术及其特点

方法	处理温度/℃	操作压力/MPa	特点
焚烧	900～1500	常压	工艺简单、处理量大
催化燃烧	500	常压	效率高
水泥窑	900～1500	常压	工艺简单、处理量大
等离子体	1000	常压	效率较高
射线分解	150	常压	效率高
超临界水解	400	20～400	效率高、成本低
吡啶还原	100～500	常压	运行成本较高
与草酸钠反应	270～290	常压	反应难以控制
与钠蒸气反应	727	—	运行成本较高
电化学	常温	0.7	运行成本高
光催化分解	常温	常压	反应难以控制
催化水解	200～600	常压	工艺简单、操作温度较低

由上表可知，目前对于氟利昂无害化处理研发了许多技术路线，每种工艺都有其自身优缺点。总之这些方法都属于物理化学破坏技术，世界各国专家学者已经积极投身到氟利昂无害化处理的技术当中。

1) 高温热破坏法

高温热破坏法是使氟氯烃类物质在高温条件下进行分解，使氟氯烃分解为 HF、HCl 及其他一些有机氯化物，其主要包括焚烧法、水泥窑法以及催化燃烧等方法。焚烧法是目前使用量较大的一种方法，该法是将氟氯烃类物质与燃料、氧气以及水蒸气混合后进行燃烧，反应后的尾气通过氢氧化钠溶液或其他碱吸收液，最终得到卤素的无机盐类物质，来实现氟利昂无害化及资源化的处理，该法处理的氟氯烃类物质，转化率能达到 85%以上[31]。昆明理工大学宁平教授采用燃烧法分解氟利昂也取得了一定的研究成果[32]。

水泥窑法[33]是 1994 年由日本秩父小野田水泥公司和东京市政府共同研发的一项在水泥生产过程中无害化处理 CFC-12 的技术，该法因能大批量使氟利昂无害化及资源化处理，成为联合国环境规划署报告书中推荐方法之一。其具体过程为：将 CFC-12 注入约 1500℃的水泥窑中，水泥窑在生产水泥的过程中有水蒸气存在，使得 CFC-12 发生分解反应，CFC-12 分解产生的酸性气体，在水泥的生产过程中被 CaO 吸收，分别生成 $CaCl_2$ 和 CaF_2。利用该法可处理气态的 CFC-12 或液态的 CFC-11 以及 CFC-113，并且销毁率高、处理量大。在水泥窑生产过程中有机氯化物的排放量没有增加且保持在很低的水平。但长期运用水泥窑法无害化处理氟利昂后，由于会生成大量的强酸气体，会造成设备的强烈腐蚀，因此该法的推广受到了极大限制[34]。

热破坏技术反应机理及操作简单，对氟氯烃类物质的破坏率可以达到 99.9%以上，是一种实际运用中较易实施的技术。但该法同时也存在一些问题，如燃烧过程中能耗较大，不具有经济价值，大规模推广应用存在困难，焚烧反应过程中会产生剧毒的二噁英(PCDD/PCDF)等有机污染物，这些物质会由于燃烧不完全而排放到大气中，造成更严重的环境污染。

2)等离子体法

高温等离子体法是将氟氯烃气体与水蒸气一起通入高频感应氩等离子体，在5000～10000℃气流中，使 CFCs 分解为 HF、HCl_2 及 CO_2[35]。目前广泛使用的等离子体发生器是电弧式等离子体发生器。等离子体法处理氟氯烃的优点是不管是以液态存在或以气态存在，氟氯烃在等离子流中分解使含碳有机物中碳全部氧化成 CO_2[36,37]。

随着研究的不断深入，越来越多新的等离子体法无害化处理氟氯烃化合物的方法被开发出来，如德国开发的低温等离子体处理技术，日本开发的常温等离子体处理低浓度氟氯烃的技术，我国研究的 CFC-12 的冷等离子体技术以及电感耦合等离子体(ICP)技术等[36,38]。表 1.6 展示了一些目前运用等离子体法无害化处理氟氯烃的操作条件及技术特点[37,39-42]。

表 1.6 等离子体法无害化处理氟氯烃的操作条件及技术特点

方法名称	操作条件	技术特点
低温等离子体法	40～100℃条件下反应	所需温度低，但操作较为困难
常温等离子体法	常温	CFCs 转化效率高
冷等离子体法	需要加氢	能处理浓度在 7.6%以下的 CFCs
电感耦合等离子体法	1000℃以上反应	运行成本较高，分解产物复杂
介质阻挡放电(DBD)	常压下反应	产物较为复杂

由上表可以看出，目前已开发出许多等离子体无害化处理氟氯烃的技术，但该法同时也存在一些问题，如操作条件不易控制，分解产物较为复杂等，严重阻碍了该法的推广应用。

3) 高能射线破坏法

高能射线破坏法[43]是目前运用较多的方法之一，该法运用能量较高的紫外线对氟氯烃类物质进行无害化处理。高能射线破坏法的理论依据是氟利昂在平流层的光解。该法由东京电力公司与 KRI 国家公司联合开发，具体操作为：将氟氯烃与氧的混合物以一定的配比通入装有低压汞灯的反应器，采用汞灯发射的 185 nm 紫外光，使大部分氟氯烃降解成氯气和存在寿命较短的氯氟烃基团，基团合成为低分子量的氟聚合物，通过聚碘膜，从气流中分离出气体，整个反应在 150℃下进行[44,45]。斯洛伐克科椅林斯大学研究的阴极发光−电晕放电降解 CFC-12 与上面的方法类似。

4) 电化学分解法

电化学分解法无害化处理氟氯烃类的方法，是运用电极对氟氯烃类物质进行分解，该技术研究目前主要集中于气体扩散电极。日本 N. Sonoyama 等利用该法对 CFC-12 进行破坏，其对 CFC-12 的破坏率达到 99.9%以上[46]。该法反应条件较为温和，无论从分解效率还是经济效益的角度考虑都有其独特的优势，该法可分解产生大量的 HFC-32，其产率达到 90%以上，在分解 CFC-12 的同时得到了具有一定经济价值的 HFC-32，有效地实现了氟氯烃的降解与开发利用相结合。

5) 催化加氢法

催化加氢法是通过催化剂的催化以氢元素置换出氟氯烃中对臭氧具有破坏性的氯元素，从而实现 CFCs 的无害化处理。目前催化加氢无害化处理氟利昂的关键在于催化剂的选择，我国张建军等采用催化加氢的方法[46]，使用 Pd/C 催化剂将 CFC-12 成功转化为 HFC-32，为 CFC-32 无害化及资源化处理提供了一条新路径。有多种催化加氢无害化处理氟利昂的方法，其理论依据如下。

$$CF_xCl_y + 2z\,H \xrightarrow{\text{催化剂}} CH_zF_xCl_{y-z} + z\,HCl \tag{1.12}$$

6) 吡啶还原法

吡啶还原法是用吡啶或吡啶化合物还原氟氯烃等化合物。具体操作为：在 150℃下，向四氢呋喃(THF)中加入 10%的四乙烯醇二甲醚，当还原剂为 1.5 倍当量时，氟可基本完全脱除。该法不仅能有效地使 CFCs 无害化，而且可对溶剂加以回收重复利用；但该法只能处理小规模的 CFCs 且还原剂成本高，因此其推广应用受到了极大的限制。

7) 草酸钠反应法

氟氯烃类物质也可与草酸钠反应生成无机盐及二氧化碳气体，具体操作为：在 270～290℃的条件下，将 CFCs 气体通入装有草酸钠的反应器中，CFCs 转化为氟化钠(NaF)、氯化钠(NaCl)及二氧化碳气体[15]。

8) 钠蒸气反应法

钠蒸气反应法是利用 CFCs 与钠及钠盐在特定条件下的化学反应，达到分解 CFCs 的目的。美国成功地利用钠蒸气的气溶胶矿化法破坏 CFCs,该方法的反应原理如下。

$$C_x Cl_y F_z + (y+z) Na \longrightarrow x C + y NaCl + z NaF \tag{1.13}$$

该法中钠必须以蒸气态存在，因此反应在 700℃以上的高温条件下进行。该法能使 CFCs 转化率达 99%以上，同时 CFCs 分解产物主要成分为 NaCl、NaF 和碳单质的良性气溶胶，不具有二次污染性，且易于分离提纯，分离出的碳颗粒因其良好的形态，还具有一定商业价值。该法同时也存在一些缺点，如反应能耗大，操作存在安全问题[47]。

9) 光催化法

光催化法是采用光催化能在温和的反应条件进行催化反应，该法对几乎所有的污染物均具有净化作用，因此该法是近年来各国专家学者研究讨论较多的方法之一。国外利用廉价的 TiO_2 和光，在通入水蒸气的条件下对 CFCs 进行无害化处理，取得了较好的效果，氟氯烃转化率可在 86%以上[48]。

1.2.5 氟利昂催化水解的研究现状

根据 1.2.4 节所述的氟利昂无害化处理技术，不难发现每种方法都有各自的局限性。例如，化学反应法(如催化加氢法、吡啶还原法、草酸钠反应法等)不安全，难以批量处理;焚烧法温度高、能耗大，易产生剧毒副产物二噁英；水泥法因产生高浓度氯水腐蚀金属而不能大量处理氟氯烃；诱导等离子体运作成本较高；超临界水解法需要高压条件；紫外线分解法(如高能射线破坏法)不安全。目前研究较多并被看好的催化水解法是在温和反应条件下实现氟利昂破坏的经济可行处理技术。

对于催化水解技术而言其最重要的是催化体系的选择，目前所用的催化剂主要有金属氧化物和固体酸碱体系两大类。但能够催化氟氯烃类物质水解的催化剂体系庞大，而采用该法无害化处理 CFCs 时，选择及制备出合适的催化剂是必经之路，因而寻找或制备出安全高效的催化剂成为现今无害化处理技术的热点。

1. 催化剂体系

1) 天然沸石

Tajima 等[49]研究发现 H-丝光型沸石对 CCl_4、CCl_3F、CCl_2F_2、$CClF_3$ 以及 CF_4 有较强的催化水解效果，并且 CFCs 水解率随着反应温度的升高而增加， 当催化水解温度分别为 230℃、350℃、450℃、530℃时这些氟氯烃物质的转化率接近

100%，研究还发现水蒸气浓度对 H-丝光型沸石的活性有较大影响，适当的水蒸气浓度能极大增强该催化剂的催化活性。

2) 金属氧化物

Takita 等[50]研究了一系列单个或复合金属氧化物对 CFC-12 及 HCFC-22 的催化水解。其中 ZrO_2-Cr_2O_3 催化剂在催化水解 CFC-12 时，显示出较高的催化活性，其催化活性由于 ZrO_2 的氟化而迅速下降，CFC-12 完全分解为 CO_2 需要氧气和水蒸气存在，同时在催化分解 HCFC-22 时，ZrO_2-Cr_2O_3 也显示出较高的催化活性，实验研究表明，水蒸气的存在能抑制氧化物的氟化，加速 CO_2 的生成和延长催化剂的寿命。

Zhang 等[51]采用 Pt/TiO_2-ZrO_2 催化剂催化水解 HCFC-22，发现添加 Pt 稍微减少了催化剂的表面积和降低了催化剂的活性，但是大大提高了 CO_2 的选择性，有效抑制了 CO 的产生。

Takita[50]等利用单个或复合金属氧化物对 CFC-12 和 HCFC-22 进行催化水解，在催化水解 CFC-12 时，ZrO_2-Cr_2O_3 催化剂显示出较高的活性，ZrO_2 的氟化作用使得其催化活性下降；该催化剂催化水解 HCFC-22 时也表现出较高的催化活性，水蒸气的存在加速了 CO_2 的生成并且延长了催化剂的使用寿命。

Tajima 等[52]用 TiO_2-ZrO_2 作为催化剂来催化水解 CFC-113，研究发现当 TiO_2 的含量为 58%～90%(摩尔分数)时，该催化剂的催化活性最高，经 XRD 表征发现 TiO_2-ZrO_2 催化剂中含有 $TiZrO_4$ 晶相，并且 TiO_2 的含量影响该催化剂的晶相，随着 TiO_2 含量的增加，晶相减少，活性降低，催化剂酸性减弱。

Karmakar 等[53]利用 TiO_2 催化水解 CFC-12，无水蒸气时，在 48 h 内催化剂的活性下降了 55%，而有水蒸气时，TiO_2 的活性下降了不到 5%，比表面积减少了 75%，催化活性增强。

3) 固体酸

固体酸碱属于酸碱电子理论的范畴，该理论也被称为广义酸碱理论或路易斯(Lewis)酸碱理论[54]。该理论认为：凡是能够接受外来电子对的分子或离子或原子团都称为路易斯酸(Lewis acid)；凡是能够给出电子对的分子或离子或原子团都称为路易斯碱(Lewis base)。后来，皮尔逊提出的软硬酸碱理论弥补了这种理论的缺陷。

固体酸是近年来开发的新型催化材料，目前多用于有机催化反应。固体酸成本较低、制作简单，同时具有较强的催化活性和使用寿命，成为催化水解氟氯烃类物质的热门材料。

复旦大学马臻、华伟明等[55,56]以 WO_3/M_xO_y(M=Ti，Sn，Fe，Al，Zr)、SO_4^{2-}/M_xO_y(M=Ti，Sn，Fe，Al，Zr)、$Ti(SO_4)_2$ 固体酸作为催化剂催化水解 CFC-12。研究[57-62]发现，纯 TiO_2、SnO_2、Fe_2O_3、Al_2O_3、ZrO_2 对 CFC-12 的催化活性很低，

而经复合后的固体酸的催化活性明显提高，其催化活性由焙烧温度和 WO_3 的最大分散量决定，主要产物为 CO_2，并且 WO_3 的负载极大地提高了固体酸的比表面积，增强了酸的含量，分解率达到 99%以上。SO_4^{2-}/TiO_2、SO_4^{2-}/SnO_2、SO_4^{2-}/Fe_2O_3、SO_4^{2-}/Al_2O_3、SO_4^{2-}/ZrO_2 固体酸分别在 270℃、325℃、350℃、325℃、265℃下实现了对 CFC-12 的完全分解，350℃焙烧的 $Ti(SO_4)_2$ 固体酸在 310℃下对 CFC-12 转化率为 98.5%，且均无副产物[57-63]。

昆明理工大学刘天成等[55,60,64]以 MoO_3/ZrO_2 固体酸为催化剂催化水解 CFC-12。制备固体酸 MoO_3/ZrO_2 的最佳条件为：浸渍液$(NH_4)_6Mo_7O_{24}\cdot 4H_2O$ 浓度 0.5 mol/L，液固比 1.5，浸渍温度 80℃，浸渍时间 4 h，ZrO_2 的质量分数 20%～40%，焙烧温度 450℃，焙烧时间 3 h。研究发现当催化剂用量为 1.0 g，水解温度为 250℃，反应气体的流速为 12.0 cm^3/min，最佳气体组成为(%，摩尔分数) 40.0 $H_2O(g)$、1.0 CFC-12、10.0 O_2，其余为 N_2，CFC-12 的转化率超过 90.0%，催化分解的产物主要是 CO_2、HF、HCl 以及少量的 $CFCl_3$。在 350℃、400℃、450℃焙烧的固体酸 MoO_3/ZrO_2 的孔径分布比较窄，升高焙烧温度，孔径分布变窄，并且催化剂的孔径分布越窄，对 CFC-12 的催化水解效果越好。TEM 表征表明，焙烧温度的高低与晶粒的大小、晶相量的多少成正比。NH_3-TPD 表征表明，焙烧温度对其酸性种类的影响较大，不同的焙烧温度，弱酸位强度相当，而中强酸位和强酸位随着焙烧温度的升高而增加。FTIR 表征表明，MoO_3 和 ZrO_2 骨架的结合形式是一种强相互作用力从而形成强酸位。MoO_3/ZrO_2 催化水解 CFC-12，需要弱酸中心、中强酸中心和强酸中心的参与，B 酸位是 CO_2 形成的酸中心。

罗金岳等[65-67]采用 MoO_3/ZrO_2 合成了乙酸异龙脑酯和甲酸异龙脑酯，并且研究了 MoO_3/ZrO_2 在 α-蒎烯异构反应中的应用。合成乙酸异龙脑酯的最佳条件为：莰烯与乙酸物质的量比 1∶1.5，反应温度 80℃，反应时间 8 h，MoO_3/ZrO_2 焙烧温度 700℃，MoO_3/ZrO_2 质量分数 4%，采用气相色谱质谱(GC/MS)对产物进行鉴定，乙酸异龙脑酯的收率为 74.7%。微波辐照下合成甲酸异龙脑酯的最佳条件为：莰烯与甲酸物质的量比 1∶1.2，微波功率 320 W，反应时间 75 min，MoO_3/ZrO_2 焙烧温度 700℃，MoO_3/ZrO_2 用量为莰烯质量的 5%，甲酸异龙脑酯收率为 80.2%。α-蒎烯异构化反应最佳反应条件是：MoO_3/ZrO_2 焙烧温度 800℃，焙烧时间 3 h，MoO_3/ZrO_2 用量为 α-蒎烯量的 3%，反应温度 118～122℃，反应时间 8 h，异构化产物主要是莰烯，α-蒎烯转化率为 93.5%，莰烯选择性为 60.7%。

孙宇等[68]采用浸渍法制备了固体酸 MoO_3/ZrO_2，并将其应用于二甲基硅油的合成。催化剂的最佳制备条件为：$w(MoO_3)=10\%$，焙烧温度 800℃。XRD、BET 和 NH_3-TPD 表征表明，适量的 MoO_3 可以使物相由 m-ZrO_2 向 t-ZrO_2 转变，随着 MoO_3/ZrO_2 的比表面积增加，酸强度提高。合成二甲基硅油的最佳条件为 m(催化剂)：m(反应物)=1.0%，反应时间 2 h，反应温度 70℃。

东北师范大学研究小组[69]利用异丁烷/异辛烷反胶束体系制备了 MoO_3/ZrO_2，并用于异丁烷–丁烯烷基化反应。TEM 结果表明，反胶束法制得粒子的粒径分布均匀，处于 38～60 nm 之间。NH_3-TPD 表征表明，样品表面酸性分布不均匀。烷基化反应的结果表明，MoO_3/ZrO_2 酸量和催化活性高于采用溶胶–凝胶法和浸渍法制备的 MoO_3/ZrO_2 样品，烷基化产物中 C_8 的含量约为 79%。

昆明理工大学王亚明等[70]利用 MoO_3/ZrO_2 将松节油转化为松油醇，结果表明，MoO_3/ZrO_2 的活性及选择性与其酸强度成正比；反应温度 80℃，反应时间 8 h，MoO_3/ZrO_2 用量为松节油用量的 8%，松节油、溶剂、助剂、水质量比为 1∶1∶1∶2 时，α-蒎烯的转化率为 85%，α-松油醇的含量为 58.98%。

4) 固体碱

哈尔滨工程大学董国君等采用物理研磨法、共沉淀法和浸渍法制备了固体碱 MgO/ZrO_2，并将其用于催化合成碳酸二异辛酯[71,72]。研究结果表明，在焙烧温度为 200℃时，MgO/ZrO_2 的活性最佳，碳酸二异辛酯的收率分别为 67.00%、51.00%和 59.93%。对 MgO/ZrO_2 进行 XRD、CO_2-TPD 和 FTIR 表征，结果表明，MgO/ZrO_2 的活性及稳定性取决于 MgO/ZrO_2 的结构，t-ZrO_2 对催化活性影响较大，当 m-ZrO_2 晶相明显时，催化活性下降。物理研磨法制备的 MgO/ZrO_2 催化剂，由于 MgO 均匀分散于载体 ZrO_2 表面从而显示出较高的催化活性。共沉淀法制备的 MgO/ZrO_2 催化剂，显示出较高的催化活性，这是由于形成了 MgO/ZrO_2 固溶体。

哈尔滨工业大学王欢欢等[73]采用共沉淀法制备了固体碱 MgO-ZrO_2，用来催化废弃动物油制备生物柴油。BET、SEM、XRD 表征表明，MgO-ZrO_2 催化剂孔径位于 2～10 nm，ZrO_2 很好地分散于 MgO 表面，具有较高的催化活性。当 n(Mg/Zr)=3∶1，焙烧温度 500℃，醇油物质的量比 40∶1，反应温度 240℃，反应时间 1.5 h，MgO-ZrO_2 用量 1.0%时，酯交换率达到 96.9%。

新乡学院黄艳芹[74]采用共沉淀法制备了固体碱 MgO/ZrO_2，用来催化大豆油制备生物柴油。MgO 含量和焙烧温度对催化活性影响的结果表明，15% MgO（质量分数），焙烧温度 700℃，反应温度 60℃，反应时间 3 h，n(醇/油)=12∶1，MgO/ZrO_2 用量为大豆油的 3%时，生物柴油的产率可达 82%。

刘水刚等[75]采用溶胶–凝胶法制备了介孔 MgO-ZrO_2 固体碱，并用于甲醇与环氧丙烷反应合成醇醚，对 MgO-ZrO_2 进行 XRD、TEM、BET、CO_2-TPD 表征，结果表明，其具有优良的热稳定性，并且具有较高的比表面积和较大的孔道结构，MgO 的加入覆盖了其中一部分 ZrO_2 的表面弱碱性位，同时 MgO 和 ZrO_2 形成了类似海绵状的介孔物质，比常规固体碱催化剂的活性和稳定性更高。

昆明理工大学刘天成等[76,77]对固体碱 Na_2O/ZrO_2 和 CaO/ZrO_2 催化水解 CFC-12 进行了研究。固体碱 Na_2O/ZrO_2 的最佳制备条件为：钠锆物质的量比 0.35∶1，焙烧温度 600℃；固体碱 CaO/ZrO_2 的最佳制备条件为：钙锆物质的量比 0.35∶

1，焙烧温度650℃。结果表明，当催化水解温度为260℃时，反应气体组成为(%，摩尔分数)：1.0 CFC-12，50.0 H_2O(g)，8.0 O_2，其余为N_2，CFC-12的分解率达到90%以上，固体碱Na_2O/ZrO_2可以连续使用120 h以上。550℃、600℃焙烧的固体碱Na_2O/ZrO_2的孔道有序性较好，600℃、650℃、700℃焙烧的固体碱CaO/ZrO_2的孔道有序性较好，焙烧温度对比表面积、总孔体积和平均孔径均有一定的影响，升高焙烧温度，总孔体积和平均孔径增加，而比表面积先升高后降低。CO_2-TPD表征表明，固体碱Na_2O/ZrO_2在75～425℃存在一个脱附峰，而固体碱CaO/ZrO_2在425～625℃存在一个脱附峰，且焙烧温度越高，脱附峰越向高温漂移。XRD表征表明，固体碱Na_2O/ZrO_2(600℃)的主要物相为t-ZrO_2和m-ZrO_2，而固体碱CaO/ZrO_2为t-ZrO_2和少量m-ZrO_2。Na_2O/ZrO_2和CaO/ZrO_2的表面强碱性均来源于晶格氧。

2. 催化水解机理及特点

黄家卫等[78]和赵光琴等[79]采用沉淀过饱和浸渍法制备了固体酸MoO_3/ZrO_2-TiO_2，并将其用来催化HCFC-22和CFC-12。研究表明，MoO_3/ZrO_2-TiO_2的最佳制备条件为：钛锆物质的量比7∶3，浸渍液$(NH_4)_6Mo_7O_{24}\cdot 4H_2O$浓度0.25 mol/L，浸渍时间6 h，浸渍温度60℃，焙烧温度500℃，固体酸MoO_3/ZrO_2-TiO_2在催化水解温度为330℃，水蒸气浓度为76.58%时，对1.00 mL/min HCFC-22的水解率可达到96.21%。固体酸MoO_3/ZrO_2-TiO_2在催化水解温度为380℃，水蒸气浓度为83.18%时，对1.00 mL/min的CFC-12的水解率可达到96.36%，主要水解产物为CO、CO_2、HF、HCl和少量CHF_3，且在该催化剂连续反应60 h后，HCFC-22和CFC-12的水解率仍然保持在80.00%以上。对催化剂进行XRD、SEM和EDS表征，结果表明MoO_3/ZrO_2-TiO_2催化剂的主要物相为四方晶相的$Zr(MoO_4)_2$和掺杂锐钛型的TiO_2。

赵光琴等[80]研究了固体酸TiO_2/ZrO_2对HCFC-22和CFC-12的催化水解。研究发现，500℃焙烧的固体酸TiO_2/ZrO_2在同样条件下对HCFC-22和CFC-12进行水解，HCFC-22的水解率高于CFC-12，HCFC-22比CFC-12更容易水解。两者的主要水解产物均为CO、CO_2、HF、HCl和少量$CFCl_3$。XRD和SEM表征表明，固体酸TiO_2/ZrO_2以无定形态存在。

赵光琴等[81,82]通过共沉淀法制备了MgO/ZrO_2固体碱催化剂并用于催化HCFC-22和CFC-12。研究表明，MgO/ZrO_2的最佳制备条件为：镁锆物质的量比3∶10，焙烧温度700℃，焙烧时间4 h，XRD、SEM、EDS表征结果表明，MgO/ZrO_2催化剂为立方晶体结构，且MgO高度分散在ZrO_2中，经过焙烧后，形成了一种固溶体，颗粒呈棉花状。最佳催化水解条件为：HCFC-22摩尔浓度为1.0%，H_2O(g)摩尔浓度为25%，O_2摩尔浓度为5%，总流速为5 mL/min。水解温度为300℃时，

HCFC-22 水解率达到 98.90%；水解温度为 400℃时，CFC-12 水解率达到 93.27%。

周童等[83,84]采用沉淀过饱和浸渍法制备固体碱 CaO/ZrO_2，并用来催化 HCFC-22 和 CFC-12。催化剂的最佳制备条件为：焙烧温度 600℃，焙烧时间 4 h，浸渍液无水 $CaCl_2$ 浓度 0.6 mol/L，浸渍时间 24 h，浸渍温度 40℃。XRD 表征表明，CaO/ZrO_2 催化剂为立方晶相结构，经过一定温度焙烧后，形成了一种固溶体。水解温度为 360℃时，HCFC-22 水解率达到 97.09%；水解温度为 450℃时，CFC-12 水解率达到 92.59%，且该固体碱在持续反应 40 h 后，HCFC-22 水解率仍在 60% 以上。

任国庆等[85-87]采用沉淀过饱和浸渍法制备了 MoO_3-MgO/ZrO_2 催化剂，催化剂的最佳制备条件为：镁锆物质的量比 3∶10，浸渍液$(NH_4)_6Mo_7O_{24}\cdot 4H_2O$ 浓度 0.25 mol/L，浸渍温度 40℃，浸渍时间 6 h，焙烧温度 400℃，焙烧时间 3 h。水解温度为 350℃时，HCFC-22 水解率达到 99.09%，CFC-12 水解率达到 97.93%。水解产物均为 HF、HCl 和 CO，且无副产物。对 MoO_3-MgO/ZrO_2 进行 XRD、SEM、EDS 和 NH_3-TPD 表征，可知催化剂结晶性能较好，纯度较高，由 O、Mg、Zr、Mo 四种元素组成，其组成成分为 1.801%的 MgO、22.386%的 MoO_3 和 75.810% 的 ZrO_2。MoO_3-MgO/ZrO_2 为介孔结构，比表面积为 1148.4 m^2/g，总孔体积为 263.85 cm^3/g，有利于负载活性组分。MoO_3-MgO/ZrO_2 表面有两个弱酸中心和一个中强酸中心，中强酸酸量大于其弱酸酸量。

1990 年美国 Jacob[88]发表了在水蒸气存在下催化水解含卤有机物的专利，此后，在石油化工工业中最常用的固体酸，因其本身催化活性高、腐蚀性小以及可循环使用的特性成为了催化水解氟氯烃的热门材料。氟氯烃物质催化水解机理如反应(1.14)和反应(1.15)所示。

无氧水解反应：

$$\text{CFCs} + H_2O \xrightarrow{\text{催化剂}} CO + HF + HCl \tag{1.14}$$

有氧水解反应：

$$\text{CFCs} + H_2O + O_2 \xrightarrow{\text{催化剂}} CO_2 + HF + HCl \tag{1.15}$$

由上述反应机理可以看出，CFCs 的催化水解无论在有氧还是无氧参与下都能完全水解为 CO、CO_2、HF 和 HCl。

由催化水解法的工艺流程可以看出，该法将 CFCs 与水蒸气一起通入装填催化剂的催化反应床，在催化剂的催化下 CFCs 水解为 CO、CO_2、HF 和 HCl 等物质，反应后产生的 HF 和 HCl 气体通过碱液吸收后成为无机盐，从而达到 CFCs 无害化及资源化处理的目的。

Takita 等[89,90]利用 $AlPO_4$ 催化水解 CFC-12,在 450℃能完全分解，分解率达到 99.9%以上，同时利用光电分析天平等现代分析技术，最终得出如图 1.1 所示的

$CePO_4$- $AlPO_4$ 催化剂催化水解 CFC-12 的反应机理。

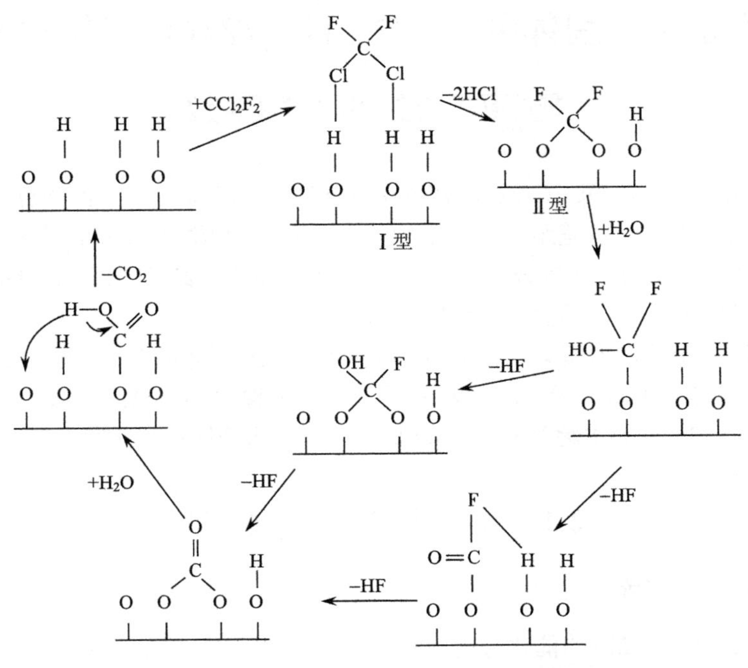

图 1.1　CFC-12 在 $CePO_4$- $AlPO_4$ 分解的反应机理

刘天成等[91]对利用 MoO_3/ZrO_2 固体酸催化剂催化水解 CFC-12 进行了系统的研究，发现在 260℃的催化温度下，主要结构为立方体型的催化剂 MoO_3/ZrO_2，对 CFC-12 的催化水解效率在 90%以上。

第2章 固体酸 MoO_3-TiO_2/ZrO_2 催化水解 HCFC-22 和 CFC-12

固体酸催化水解 HCFC-22（CHF_2Cl）的研究报道较多[92-95]，但都有一些缺点，距离实际运用还有一些差距，我国 HCFC-22 的生产和消费量占全球 60%以上[8]，根据最新的《巴黎协定》的规定，我国加速淘汰 HCFC-22 势在必行，因此必须尽快找出一条将 HCFC-22 无害化处理的可行途径。

基于以上背景，本章采用多元 MoO_3-TiO_2/ZrO_2 固体酸对 HCFC-22（CFC-12）进行催化水解研究，实验结果表明，固体酸 MoO_3-TiO_2/ZrO_2 对低浓度 HCFC-22（CFC-12）的水解具有良好的催化活性、选择性和稳定性。

2.1 实验装置及检测方法

2.1.1 催化反应装置

氟利昂（HCFC-22）的催化分解反应主要为水解反应，其反应式为

$$CHF_2Cl + H_2O \longrightarrow CO + HCl + HF \tag{2.1}$$

$$CO + 1/2\,O_2 \longrightarrow CO_2 \tag{2.2}$$

$$CHF_2Cl + HF \longrightarrow CHF_3 + HCl \tag{2.3}$$

由以上反应可知，HCFC-22 在无氧参与下水解的主要产物为：HF、HCl 和 CO，且主反应为吸热反应，因此要求催化反应设备具有控温和耐腐蚀功能，考虑到市售的气固反应催化装置多为金属材料，在加热条件下很易被 HCFC-22 水解产物 HF 和 HCl 腐蚀，且价格昂贵，反复使用后会出现气密性较差等问题，因此选择了自组的一个组装式催化反应装置，其装置流程图如图 2.1 所示。

2.1.2 水蒸气发生器及流量计算方法

水蒸气流量控制时往往存在因水汽凝结在管道内而造成定量误差，为解决该问题，该设备中直接将氟利昂出气口与水蒸气底部连接，通过固定流量的氟利昂带出水蒸气，并通过调节水蒸气发生器的加热功率来调控水蒸气流量，装置如图 2.2 所示，为了减少计算过程造成的误差，在反应中各组分气体均近似为理想气体，计算方法[96]为

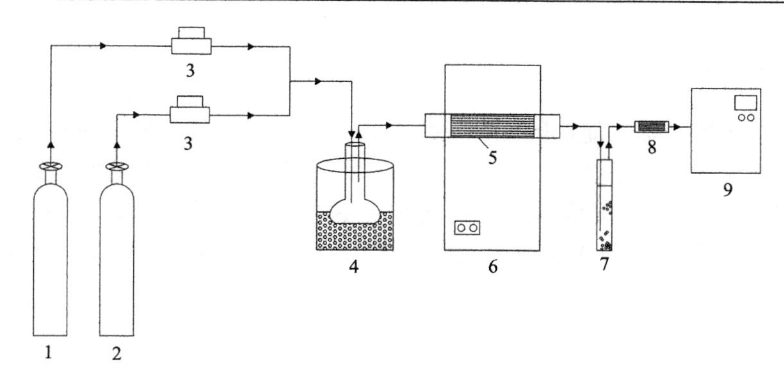

图 2.1　实验装置流程图

1. CFCs；2. N_2；3. 质量流量控制器；4.水蒸气发生器；5.催化反应床层；6.管式炉；7. NaOH 吸收瓶；8.干燥器；9.气质联用仪

$$V = \frac{m_2 - m_1 - m_3}{18} RT \Big/ P \tag{2.4}$$

式中，V 为水蒸气体积(m^3)；m_1 为水蒸气发生器质量；m_2 为加水后总质量；m_3 为反应后剩余水质量；R 为摩尔气体常量[8.314 $Pa \cdot m^3/(mol \cdot K)$]；$T$ 为反应时加热温度(K)；P 为标准大气压(101325 Pa)。

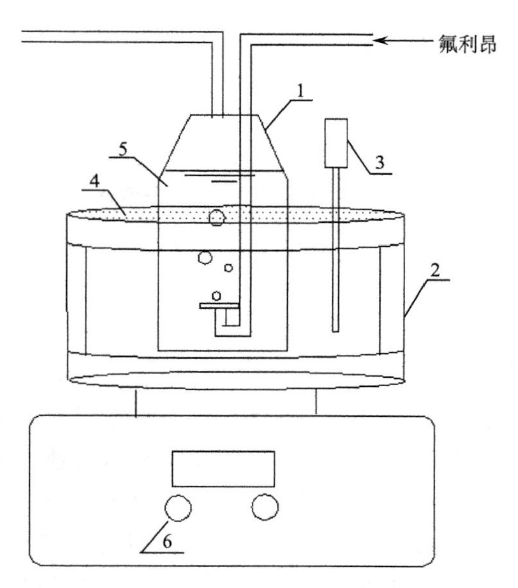

图 2.2　水蒸气发生器装置图

1.玻璃砂尾气吸收瓶；2.电热套；3.热电偶；4.保温材料；5.水；6.温度调控器

2.1.3　采样装置及方法

由于气体的特殊性能，因此在采样过程中必须保证气密性，避免混入空气等气体造成检测误差，针对该问题本装置在采样部位选取了注射器扎针采样的方式，其装置见图 2.3，采样前为避免气袋中混入空气或其他气体，采用 0.5 L 铝箔采样袋在采样前用99.99%的 N_2 充满 2～3 次后使用注射器抽空彻底排尽气袋中的空气。

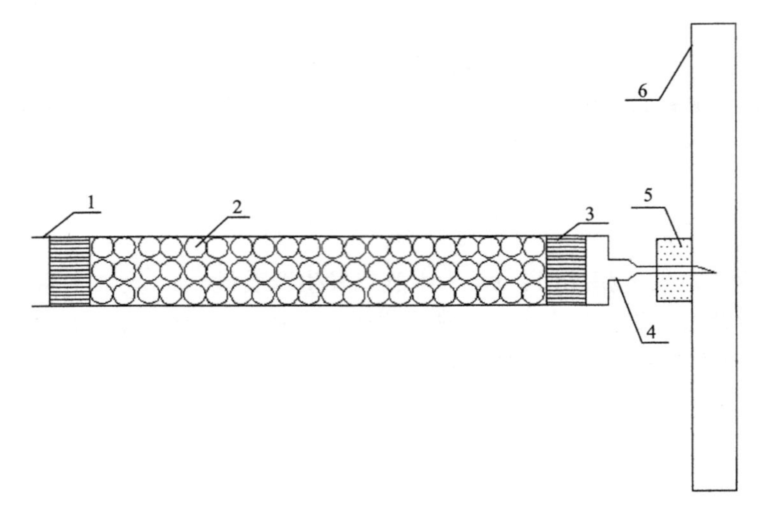

图 2.3　采样装置图

1.针筒；2.变色硅胶；3.脱脂棉；4.针头；5.采样袋密封层；6.铝箔采样袋

2.1.4　检测方法与条件

1. 仪器与检测条件

本实验使用气相色谱(GS)与质谱(MS)联用对氟利昂水解率及水解产物进行定量与定性分析，采用总离子色谱图峰面积定量和质谱数据库定性。

仪器条件：气相色谱与气质联用仪，赛默飞世尔科技(中国)有限公司生产，型号为：ThermoFisher(ISQ)，质谱检测器；色谱柱为：赛默飞世尔科技(中国)有限公司生产的毛细管柱(100%二甲基聚硅氧烷)，型号 260B142P；1 mL 气体进样针；检测条件为：进样口温度 80℃，柱温 35℃保留 3 min，高纯 He(He 浓度≥99.999%)为载气，恒流模式下流速为 1.00 mL/min，分流比 140∶1，质谱检测器 EI 源，电子能量 70 eV，离子源温度 260℃，离子传输杆温度 280℃，进样量 0.1 mL。

在此分析条件下，HCFC-22 总离子色谱图见图 2.4。催化水解效果主要用 HCFC-22 水解率和 CO、CO_2 总产率来评价，其计算见式(2.5)和式(2.6)。

$$\text{CFCs水解率} = \frac{\text{CFCs入口峰面积} - \text{CFCS出口峰面积}}{\text{CFCs入口峰面积}} \times 100\% \tag{2.5}$$

$$\text{CO和CO}_2\text{总产率} = \frac{\text{CO和CO}_2\text{出口峰面积}}{\text{HCFC-22入口峰面积} - \text{HCFC-22出口峰面积}} \times 100\% \tag{2.6}$$

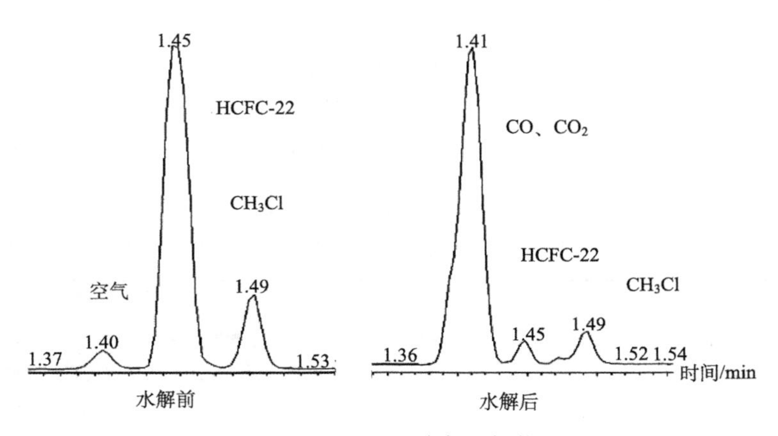

图 2.4　HCFC-22 总离子色谱图

2. 标准曲线

质谱检测器对物质进行定量分析时，利用电子将物质轰碎形成的峰为物质的碎片离子峰，考虑到该检测器的特殊性，因此必须绘制标线以考查 GC/MS 是否满足所测物质的定量分析要求。

采用 0.5 L 铝箔采样袋，用高纯 He(He 浓度≥99.999%)将 HCFC-22 配制为 100 ppm(ppm 为 10^{-6})、200 ppm、400 ppm、600 ppm、800 ppm、1000 ppm、1200 ppm、1400 ppm 系列浓度的 HCFC-22 气体样品。进样量为 0.1 mL，实验测得的 HCFC-22 色谱标准曲线见图 2.5。由图 2.5 可知该线的相关系数 R^2= 0.9961 可知，仪器满足所测物质的定量分析要求。

2.1.5　催化剂 MoO_3-TiO_2/ZrO_2 的制备方法及结构表征

试验中所用试剂及仪器与设备分别见表 2.1 及表 2.2。

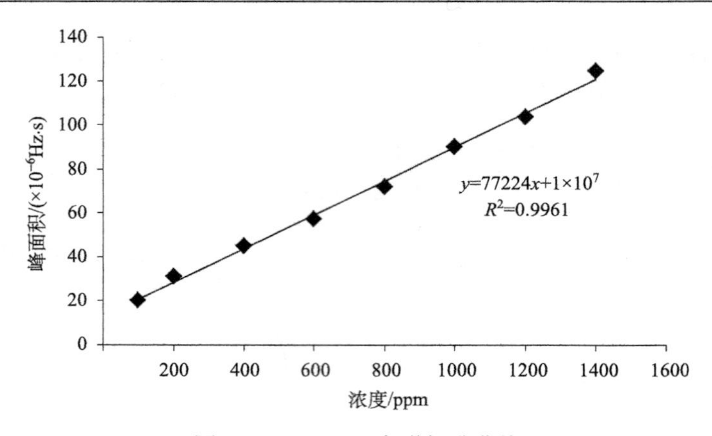

图 2.5　HCFC-22 色谱标准曲线

表 2.1　实验所用主要试剂

试剂名称	等级	生产厂家
$CHClF_2$	—	浙江巨化股份有限公司
N_2	99.99%	昆明梅塞尔气体产品有限公司
$TiCl_4$	AR	天津市风船化学试剂科技有限公司
无水乙醇	AR	天津市津东天正精细化学试剂厂
无水氯化钙	AR	天津市津东天正精细化学试剂厂
$ZrOCl_2·8H_2O$	AR	国药集团化学试剂有限公司
四水合钼酸铵	AR	广东光华科技股份有限公司
氨水	25%	天津市风船化学试剂科技有限公司
石英砂	AR	天津市津东天正精细化学试剂厂

表 2.2　实验所用主要仪器与设备

仪器名称	型号	生产厂家
气相色谱与质谱联用仪	ThermoFisher (ISQ)	赛默飞世尔科技(中国)有限公司
毛细管柱	260B142P	赛默飞世尔科技(中国)有限公司
质量流量计	D08-19B	北京七星华创精密电子科技有限责任公司
质量流量显示仪	D07-4F	北京七星华创精密电子科技有限责任公司
管式炉	SK-G05123K	天津市中环实验电炉有限公司
电热套	SZCL-2	巩义市予华仪器有限责任公司
电子天平	STARTER 2100/3C pro	奥豪斯仪器(上海)有限公司
石英管	Φ35 mm×700 mm	自制
气体采样袋	0.5L	上海颐乐经贸有限公司

本章采用混合沉淀过饱和浸渍法制备固体酸 MoO_3-TiO_2/ZrO_2 催化剂，试验中使用的固体酸催化剂 MoO_3-TiO_2/ZrO_2，分别以 $TiCl_4$、$ZrOCl_2·8H_2O$ 和四水合钼酸铵作为钛源、锆源和钼源。按文献[66,67]的方法选择钛锆物质的量比为 7∶3，具体方法为：首先将 $TiCl_4$ 溶于无水乙醇中，然后加入一定量的蒸馏水制得 $TiCl_4$ 的乙醇水溶液，再将 $ZrOCl_2·8H_2O$ 溶于一定量的蒸馏水制得 $ZrOCl_2·8H_2O$ 的水溶液，再将两溶液混合均匀，采用 10%的氨水为沉淀剂缓慢滴加到混合液中并剧烈搅拌，调节 pH 值为 8 制得 $Zr(OH)_4$ 和 $Ti(OH)_4$ 沉淀，使其在母液中 60℃下充分混合 3.5 h 后陈化 24 h，用蒸馏水洗涤除去其中的 Cl^- 并将 pH 值调节为 7，110℃烘干，用 0.25 mol/L 的 $(NH_4)_6MoO_{24}·4H_2O$ 溶液分别在 20℃、40℃、60℃条件下过饱和浸渍 6 h 后过滤烘干，最后在马弗炉中以一定温度焙烧 3 h 即制得 MoO_3-TiO_2/ZrO_2 催化剂，其工艺流程如图 2.6 所示。

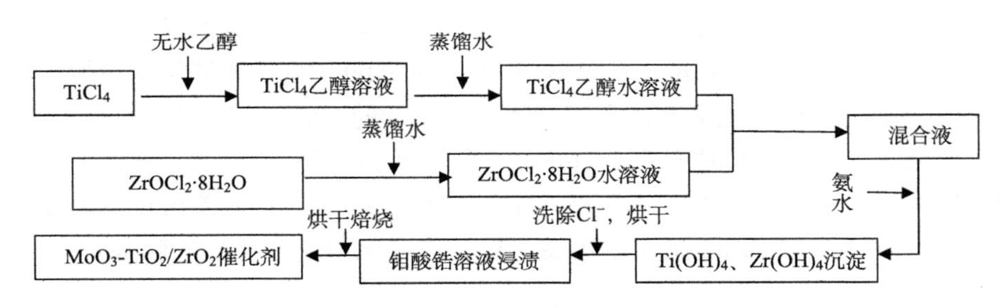

图 2.6　MoO_3-TiO_2/ZrO_2 催化剂的制备工艺流程图

1. X 射线衍射(XRD)表征

催化剂的晶体内部的原子排列状况、物相定性与定量分析、晶格形状、衍射图的指标化和晶格畸变等采用德国生产的 Bruker D8 Advance 型 X 射线衍射仪进行表征分析。测试条件为：Cu 靶 K_α 辐射源，2θ 范围为 10°～70°，扫描速率为 12°/min，步长为 0.01°/s，工作电压和工作电流分别为 40 kV、40 mA，λ=0.154178 nm。

2. 扫描电子显微镜(SEM)表征

将粉末样品超声分散在无水乙醇后，取一定量的分散液均匀铺于硅基板表面，烘干后，对样品表面喷金处理。采用美国 FEI 公司生产的 NOVA NANOSEM-450 扫描电子显微镜进行表征。通过扫描电子显微镜观察样品表面形貌特征。

3. 能谱分析(EDS)表征

将粉末样品超声分散在无水乙醇后，取一定量的分散液均匀铺于硅基板表面后烘干。采用美国 FEI 公司生产的 NOVA NANOSEM-450 能谱分析仪表征分析反应后催化剂元素构成。

本章以 HCFC-22 水解率来评价催化剂不同制备条件下的催化性能，如浸渍温度及时间，催化剂焙烧温度及焙烧时间等对催化剂性能的影响，从而筛选出最佳的催化剂制备工艺条件。其次讨论了 HCFC-22 催化水解的工艺条件，如催化水解温度、水蒸气浓度等对氟利昂分解的影响，最后考查了催化剂的使用寿命。借助 XRD、EDS 和 SEM 表征讨论了催化剂水解 HCFC-22 的催化反应机理。

2.2 固体酸 MoO_3-TiO_2/ZrO_2 催化水解 HCFC-22

2.2.1 石英砂对 HCFC-22 催化效果实验

实验中所制备的催化剂为粉末状，直接填放于石英管中会被反应气体带出反应床，选用直径为 0.5～2 mm 石英砂（SiO_2 含量≥99.0%）作为催化剂填料载体不仅避免了该问题，同时也提高了反应气体与催化剂的接触面积，实验结果如图 2.7 所示。由图 2.7 可知主要成分为 SiO_2 的石英砂催化水解 HCFC-22，随水解温度的升高 HCFC-22 水解率基本保持不变。综上所述，粒径在 0.5～2 mm 主要成分为 SiO_2 的石英砂对 HCFC-22 无催化效果，石英砂可作为催化剂填充载体。

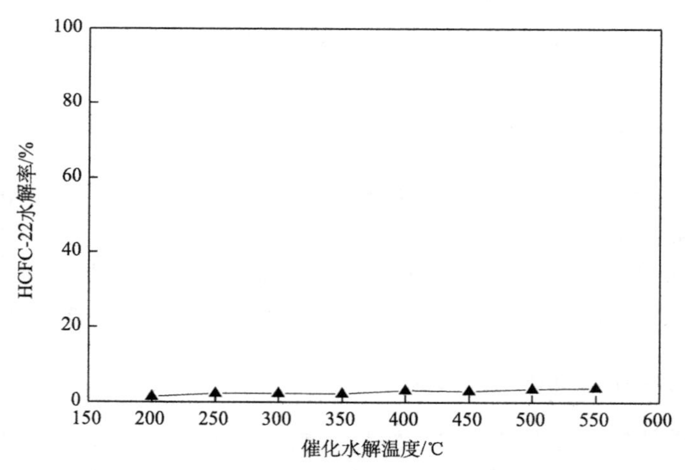

图 2.7　石英砂下反应温度对 HCFC-22 水解率的影响

2.2.2 TiO_2 对 HCFC-22 催化效果实验

1. 催化水解温度对 HCFC-22 水解的影响

TiO_2 催化剂的制备[97,98]：以 $TiCl_4$ 为钛源，取 30 mL 无水乙醇，在冰浴条件下缓慢滴加 5 mL $TiCl_4$，然后向其加入适量的蒸馏水制得 $TiCl_4$ 的乙醇水溶液，选用 10%的氨水为沉淀剂缓慢滴加至该液中，不断搅拌下调节该液的 pH 值为 8 得到 $Ti(OH)_4$ 沉淀，陈化 24 h 后用蒸馏水洗除其中的 Cl^- 至 pH 值为 7 后，在 110℃条件下烘干，最后在马弗炉中以 500℃焙烧 3 h 即制得 TiO_2 催化剂。

实验条件：催化剂 TiO_2 焙烧温度 500℃，焙烧时间 3 h，用量 1.00 g；催化反应气体流速 1.00 mL/min，体积分数为 23.42%，水蒸气体积分数为 76.58%。实验结果如图 2.8 所示。

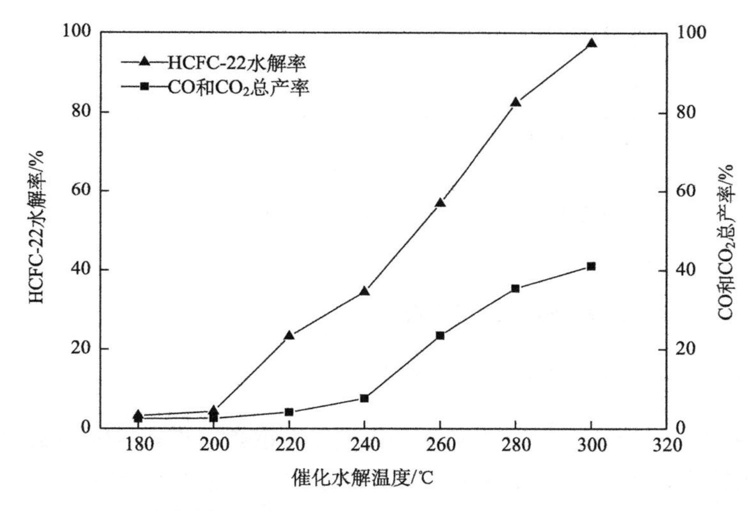

图 2.8　TiO_2 下反应温度对 HCFC-22 水解率、CO 和 CO_2 总产率的影响

从图 2.8 可知，TiO_2 对 HCFC-22 有较高的催化活性，当水解温度为 300℃时，HCFC-22 水解率可达到 97.32%，但有副产物 CHF_3 和 CF_4 生成，会对环境造成二次污染。综上所述，本实验条件下 TiO_2 催化水解 HCFC-22 水解率能达到 97.32%，但该催化剂选择性低，实验中有副产物生成。

2. TiO_2 催化剂使用寿命的考查

实验条件：催化剂 TiO_2 焙烧温度 500℃，焙烧时间 3 h，用量 1.00 g；催化反应气体流速 1.00 mL/min，体积分数为 23.42%，水蒸气体积分数为 76.58%，在催化水解温度为 300℃的条件下，实验结果如图 2.9 所示。

由图 2.9 可以看出，随着反应时间的增加 TiO_2 的催化活性逐渐减小，连续反应 30 h HCFC-22 的水解率为 60.67%。综上所述，TiO_2 催化剂用于催化水解 HCFC-22 时具有一定的催化活性及使用寿命。

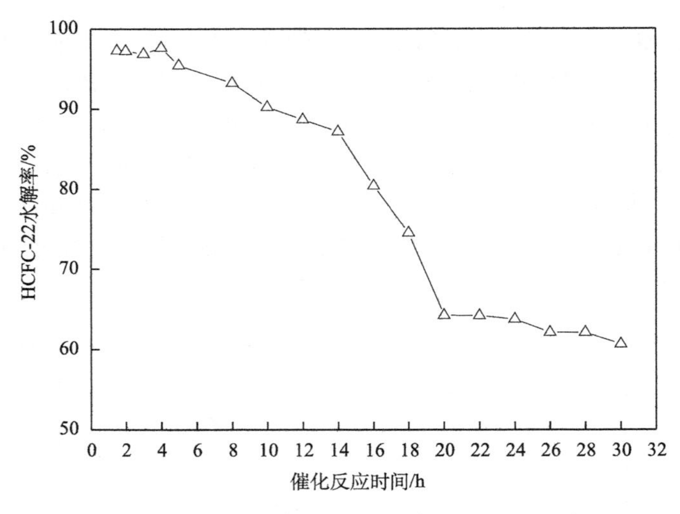

图 2.9 反应时间对 TiO_2 催化剂稳定性的影响

2.2.3 ZrO_2 对 HCFC-22 催化效果实验

1. 催化水解温度对 HCFC-22 水解率的影响

ZrO_2 催化剂的制备[70,71]：以 $ZrOCl_2·8H_2O$ 为锆源，称取 6.00 g $ZrOCl_2·8H_2O$ 溶于适量蒸馏水，制得 $ZrOCl_2·8H_2O$ 的水溶液，不断搅拌下缓慢滴加 10%的氨水至 pH 值为 8，制得 $Zr(OH)_4$ 陈化 24 h 后用蒸馏水洗除其中的 Cl^- 至 pH 值为 7 后，在 110℃条件下烘干，最后在马弗炉中 500℃焙烧 3 h 即制得 ZrO_2 催化剂。

实验条件：催化剂 ZrO_2 焙烧温度 500℃，焙烧时间 3 h，用量 1.00 g；催化反应气体流速 1.00 mL/min，体积分数为 23.42%，水蒸气体积分数为 76.58%。实验结果如图 2.10 所示。

由图 2.10 看出，ZrO_2 对 HCFC-22 的催化水解率随水解温度的升高而增大，但催化活性较低，当催化水解温度为 360℃时 HCFC-22 水解率仅为 48.14%。结合图 2.11 可以看出，HCFC-22 水解后有部分 CF_3Cl 及 $CFCl_3$ 产物生成，单独的 ZrO_2 催化剂催化水解 HCFC-22，其催化选择性较差且水解产物会对环境造成更严重的破坏[99,100]。综上所述，ZrO_2 催化水解 HCFC-22 催化活性及选择性较低，反应中有大量副产物生成。

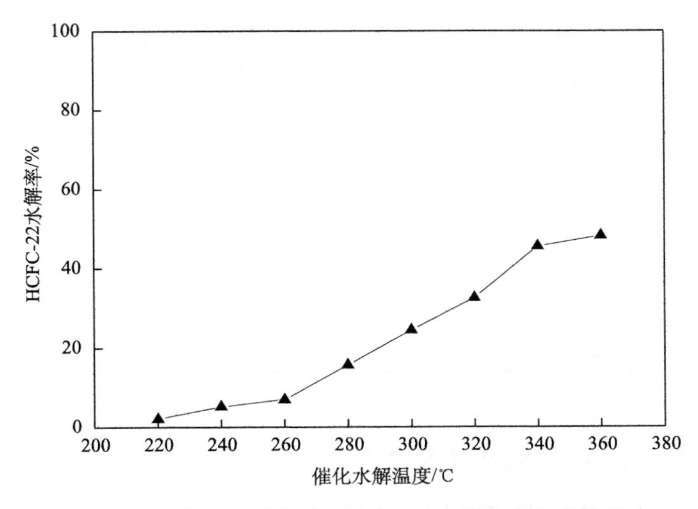

图 2.10　ZrO_2 下反应温度对 HCFC-22 催化水解率的影响

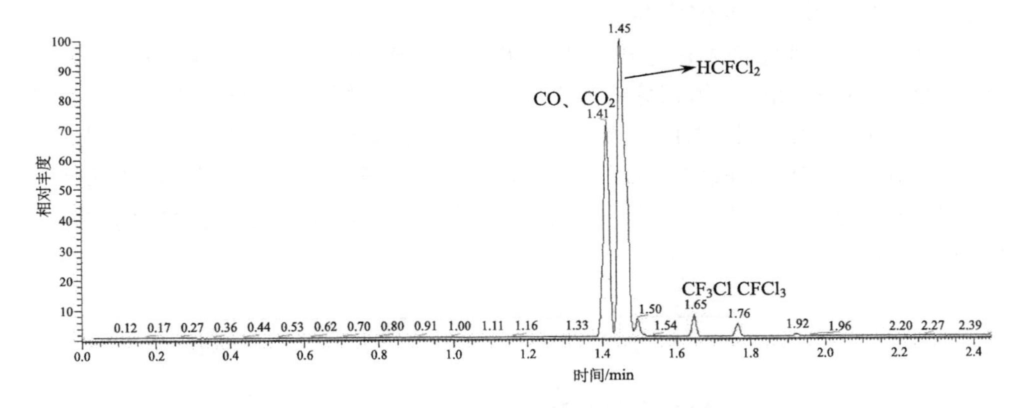

图 2.11　HCFC-22 水解的总离子流图

2. ZrO_2 催化剂使用寿命的考查

实验条件：催化剂 ZrO_2 焙烧温度 500℃，焙烧时间 3 h，用量 1.00 g；催化反应气体流速 1.00 mL/min，体积分数为 23.42%，水蒸气体积分数为 76.58%，在催化水解温度为 360℃的条件下，实验结果如表 2.3 所示。由表 2.3 可知，单独的 ZrO_2 催化水解 HCFC-22，在连续使用 3 h 以后 HCFC-22 的水解率就降至 15%以下。综上所述，单独的 ZrO_2 催化剂催化水解 HCFC-22 催化活性低、使用寿命短。

表 2.3　反应时间对 ZrO_2 催化剂稳定性的影响

反应时间/h	HCFC-22 水解率/%
1.0	49.23
1.5	48.14
2.0	40.45
2.5	30.65
3.0	12.78
3.5	10.54
4.0	11.53

2.2.4　MoO_3 对 HCFC-22 催化效果实验

MoO_3 催化剂的制备：取适量四水合钼酸铵在 110℃烘干后，在马弗炉中 500℃焙烧 3 h，即制得 MoO_3 催化剂。

实验条件：催化剂 MoO_3 焙烧温度 500℃，焙烧时间 3 h，用量 1.00 g；反应气体流速 1.00 mL/min，体积分数为 23.42%，水蒸气体积分数为 76.58%，实验结果如图 2.12 所示。由图 2.12 可知，MoO_3 对 HCFC-22 有一定催化效果，且随催化水解温度的增加 HCFC-22 水解率增大，当水解温度达到 390℃后继续增大水解温度 HCFC-22 水解率基本保持不变。综上所述，MoO_3 对催化 HCFC-22 选择性高，但催化活性较低。

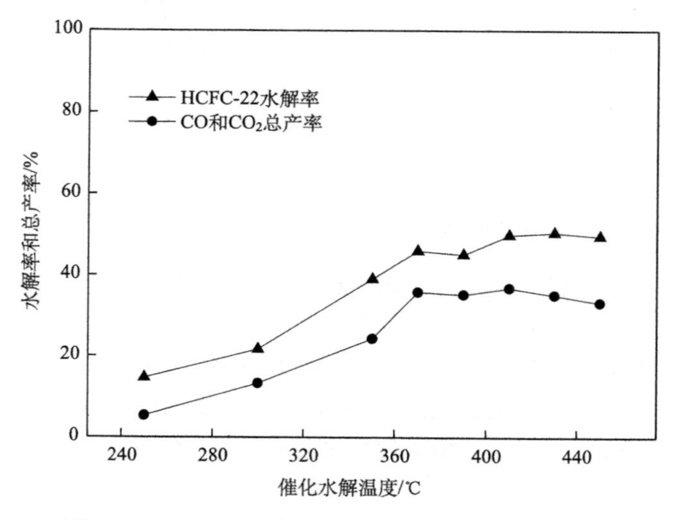

图 2.12　MoO_3 下反应温度对 HCFC-22 水解效果影响

2.2.5　TiO_2-ZrO_2 对 HCFC-22 催化效果实验

1. 催化水解温度对 HCFC-22 水解率的影响

TiO_2-ZrO_2 催化剂的制备[101,102]：以 $TiCl_4$ 、$ZrOCl_2 \cdot 8H_2O$ 和四水合钼酸铵作为钛源、锆源和钼源，取 30 mL 无水乙醇在冰浴条件下缓慢滴加 5 mL $TiCl_4$，然后加入适量的蒸馏水制得 $TiCl_4$ 的乙醇水溶液，称取 6.2968 g $ZrOCl_2 \cdot 8H_2O$ 溶于该液中，采用 10%的氨水为沉淀剂缓慢滴加到混合液中并剧烈搅拌，调节 pH 值为 8，制得 $Zr(OH)_4$ 及 $Ti(OH)_4$ 沉淀，将其在母液中以 60℃充分混合 3.5 h，陈化 24 h 之后用蒸馏水洗涤除去其中的 Cl^- 并将 pH 调节为 7，在 110℃下烘干，500℃焙烧 3 h 即制得 TiO_2-ZrO_2 催化剂。

实验条件：催化剂 TiO_2-ZrO_2 焙烧温度 500℃，焙烧时间 3 h，用量 1.00 g；反应气体流速 1.00 mL/min，体积分数为 23.42%，水蒸气体积分数为 76.58%，实验结果如图 2.13 所示。从图 2.13 可知，TiO_2-ZrO_2 催化剂催化水解 HCFC-22，HCFC-22 水解率随水解温度的升高而增大，水解温度达到 360℃时 HCFC-22 水解率达到 95.54%，主要水解产物为 CO、CO_2 及少量的 $CHCl_3$ 和 $CFCl_3$。综上所述，TiO_2-ZrO_2 催化水解 HCFC-22 时催化活性及选择性较高。

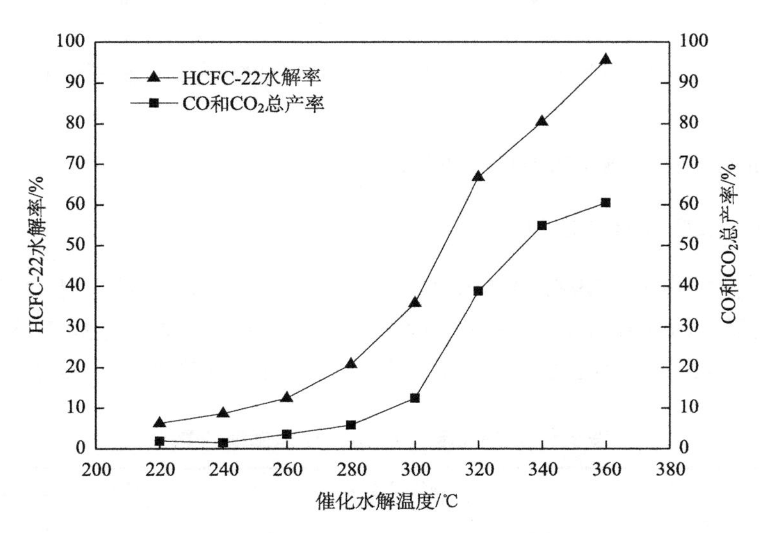

图 2.13　TiO_2-ZrO_2 下反应温度对 HCFC-22 催化水解率的影响

2. TiO_2-ZrO_2 催化剂使用寿命的考查

实验条件：采用共沉淀法制备 TiO_2-ZrO_2 催化剂，焙烧温度 500℃，焙烧时间 3 h，用量 1.00 g；反应气体流速 1.00 mL/min，体积分数为 23.42%，水蒸气体积分数为 76.58%，在催化水解温度为 360℃的条件下，实验结果如图 2.14 所示。由图 2.14 可知，TiO_2-ZrO_2 催化剂催化水解 HCFC-22，随反应时间的增加其活性降低较快，连续反应 20 h 后 HCFC-22 水解率为 36.54%。综上所述，以 500℃焙烧的 TiO_2-ZrO_2 催化剂，催化水解 HCFC-22 时表现出了较高的催化活性及选择性，但其稳定性较差。

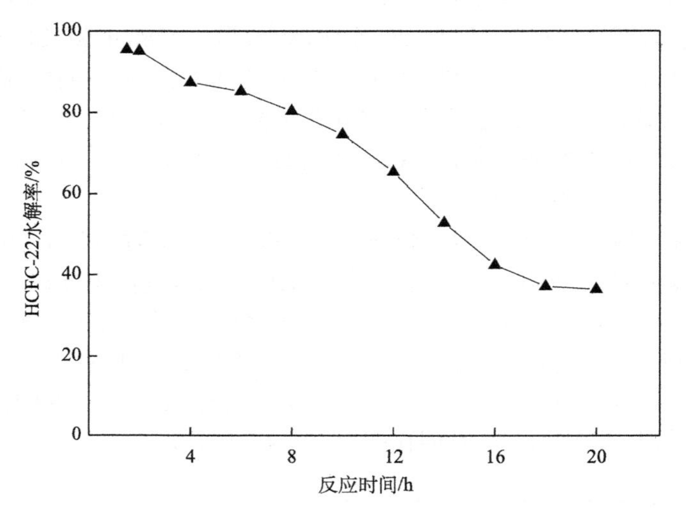

图 2.14 TiO_2-ZrO_2 下反应时间对 TiO_2-ZrO_2 催化剂稳定性的影响

2.2.6 MoO_3-TiO_2/ZrO_2 对 HCFC-22 催化效果实验

1. 浸渍温度对 HCFC-22 水解率的影响

实验条件：催化剂 MoO_3-TiO_2/ZrO_2 焙烧温度 500℃，焙烧时间 3 h，用量 1.00 g；反应气体流速 1.00 mL/min，体积分数为 23.42%，水蒸气体积分数 76.58%，不同浸渍温度下 MoO_3-TiO_2/ZrO_2 催化剂对 HCFC-22 的催化效果如表 2.4 所示。

表 2.4 浸渍温度对 HCFC-22 水解率的影响

浸渍温度/℃	HCFC-22 水解率/%	CO、CO_2 总产率/%
20	76.28	43.32
40	90.75	56.56
60	96.82	61.43
80	94.54	60.43
90	82.61	54.44

由表 2.4 可知，钼酸铵溶液浸渍温度对 HCFC-22 水解率有明显影响，在相同浸渍时间下随着浸渍温度的增加 HCFC-22 水解率先增加后减小，在 60℃时达到最大。过饱和浸渍近似于扩散–吸附过程，存在动态吸附平衡，钼酸铵溶解度低，温度升高有利于钼酸铵的溶解和其进入载体内部孔道，但当温度高于 60℃后，由于较高的温度导致溶剂大量挥发，钼酸铵结晶于载体表面，无法进入载体内部孔道导致催化剂活性降低。在本实验条件下，浸渍温度 60℃，催化剂对 HCFC-22 的水解率最高达到 96.82%。

2. 焙烧温度及催化水解温度对 HCFC-22 水解率的影响

MoO_3-TiO_2/ZrO_2 催化剂的制备：采用 60℃一次过饱和浸渍，分别在 400℃、500℃、600℃焙烧 3 h 制得 MoO_3-TiO_2/ZrO_2 催化剂。

实验条件：催化剂在不同温度下焙烧时间 3 h，用量 1.00 g；反应气体流速 1.00 mL/min，体积分数为 23.42%，水蒸气体积分数为 76.58%，实验结果如图 2.15 所示。

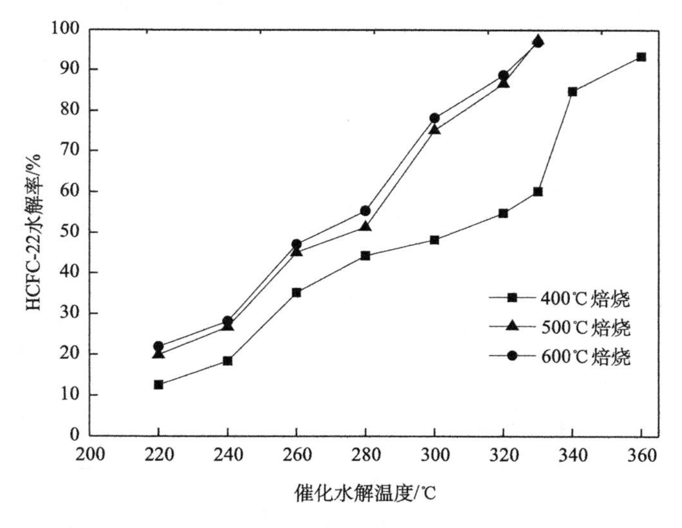

图 2.15　焙烧温度和水解温度对 HCFC-22 水解率的影响

由图 2.15 可以看出，随着水解温度的升高，不同温度下焙烧的 MoO_3/TiO_2-ZrO_2 催化剂催化水解 HCFC-22 的活性均增大，其中 400℃焙烧的催化剂催化水解温度为 360℃时 HCFC-22 的水解率达到 90%以上，在 500℃和 600℃下焙烧的 MoO_3/TiO_2- ZrO_2 催化剂达到最高水解率时水解温度为 330℃，HCFC-22 的主要水解产物为 CO、CO_2、HF、HCl 及少量的 CHF_3 气体。综上所述，焙烧温度对催化活性有明显影响，随着焙烧温度的升高 HCFC-22 水解率基本趋于一致，考虑到能源节约，MoO_3-TiO_2/ZrO_2催化剂最适的焙烧温度为 500℃。HCFC-22 在中低温下分解反应主要为水解反应，其反应如下：

$$CHClF_2 + H_2O \longrightarrow CO + HCl + 2HF \tag{2.7}$$

该反应为吸热反应，因此随着催化水解温度的升高，水解率增大，反应中 CO_2 和 CHF_3 来源于反应(2.8)和反应(2.9)。

$$CO + 1/2\,O_2 \longrightarrow CO_2 \tag{2.8}$$

$$CHClF_2 + HF \longrightarrow CHF_3 + HCl \tag{2.9}$$

3. 焙烧时间对 HCFC-22 水解率的影响

MoO_3-TiO_2/ZrO_2催化剂的制备：采用 60℃一次过饱和浸渍，500℃焙烧温度下，分别对催化剂焙烧 1 h、2 h、3 h、4 h、5 h，考查焙烧时间对 HCFC-22 水解率的影响。

实验条件：催化剂在不同温度下焙烧，用量 1.00 g；反应气体流速 1.00 mL/min，体积分数为 23.42%，水蒸气体积分数为 76.58%，实验结果如图 2.16 所示。

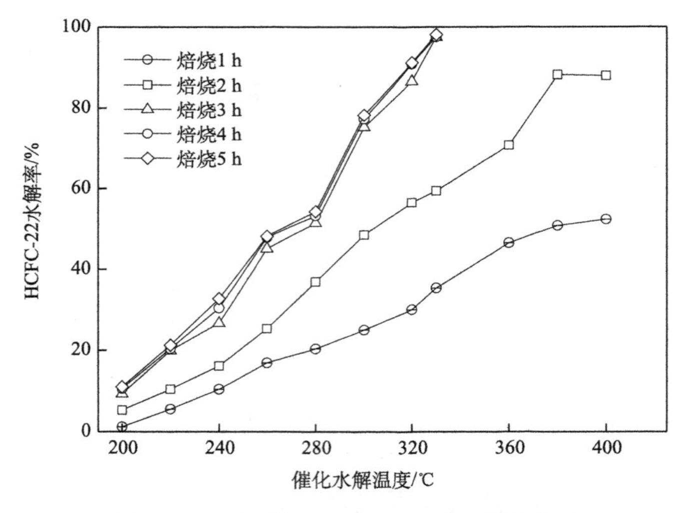

图 2.16　焙烧时间对 HCFC-22 水解率的影响

由图 2.16 可以看出，催化剂焙烧时间对催化剂的催化活性有较大的影响，焙烧时间为 1 h 和 2 h 的催化剂对 HCFC-22 的催化活性较低，随焙烧时间的增加其对 HCFC-22 的催化水解效果显著提高。当焙烧时间≥3 h 时，催化剂催化水解 HCFC-22 的性能基本趋于一致，水解温度为 330℃条件下 HCFC-22 的水解率均在 95%以上，考虑到资源节约等因素，对于催化水解 HCFC-22 的 MoO_3/TiO_2-ZrO_2

催化剂最适的焙烧温度为 3 h。综上所述，催化剂 MoO_3/TiO_2-ZrO_2 的焙烧时间对催化剂的催化活性有显著影响，最适合的焙烧时间为 3 h。

4. 水蒸气浓度对催化水解效果的影响

称取 1.00 g 500℃下焙烧的 MoO_3-TiO_2/ZrO_2 固体酸催化剂，调节 HCFC-22 流速为 1.00 mL/min，水解温度为 330℃，通过改变水蒸气浓度考查水蒸气浓度对 HCFC-22 水解率的影响，结果如图 2.17 所示。从图 2.17 可以看出，在无水蒸气通入时 HCFC-22 的水解率仅为 24.31%，随着水蒸气含量的增加，HCFC-22 的水解率增大，当水蒸气体积分数为 76.58%时 HCFC-22 的水解率达到最大，这也进一步证明了 HCFC-22 的分解反应为水解反应，继续增大水蒸气浓度，HCFC-22 的水解率变小。主要原因为 MoO_3-TiO_2/ZrO_2 固体酸催化剂催化水解 HCFC-22 的反应为气固催化反应，且 HCFC-22 气体较为稳定，反应气体与催化剂需要有一定的接触时间，增大水蒸气浓度使整个流动相流速加快，气固接触时间缩短，从而导致当水蒸气体积分数超过 80%以后 HCFC-22 水解率降低。综上所述，在以上实验条件下，最合适的水蒸气体积分数为 76.58%。

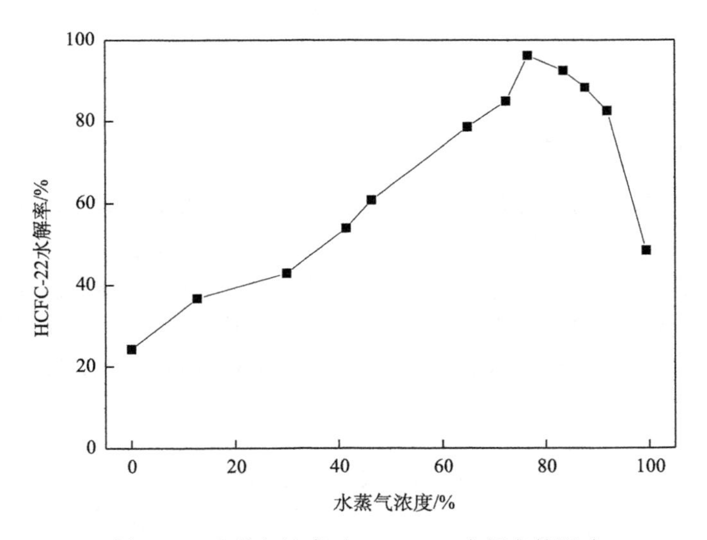

图 2.17　水蒸气浓度对 HCFC-22 水解率的影响

5. 催化剂使用寿命考查

在催化剂用量为 1.00 g，HCFC-22 流速为 1 mL/min，水解温度为 330℃，水蒸气体积分数为 76.58%，连续反应 60 h 考查了以 500℃焙烧 3 h 的 MoO_3/TiO_2-ZrO_2 固体酸催化剂使用寿命。结果如图 2.18 所示，随着反应时间的延长，HCFC-22

的水解率缓慢降低，当反应进行至 30 h 后 HCFC-22 的水解率逐渐稳定，且在反应 60 h 后 HCFC-22 水解率仍维持在 82%以上。综上所述，MoO_3-TiO_2/ZrO_2 固体酸催化剂催化水解 HCFC-22 活性高且稳定性好。

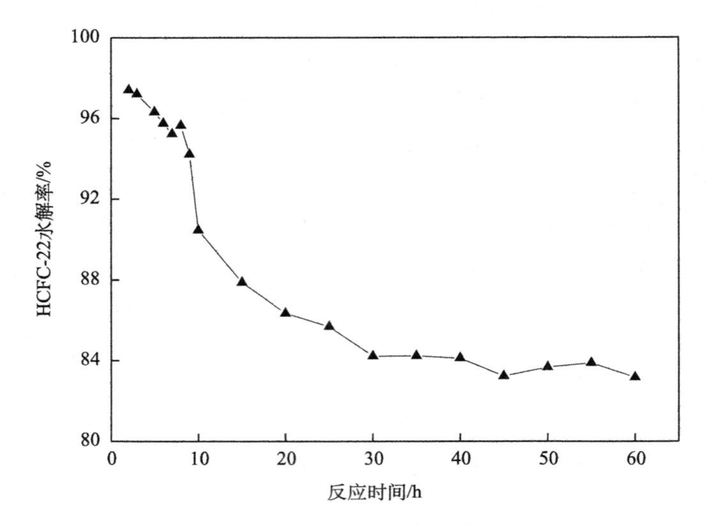

图 2.18 反应时间对催化剂稳定性的影响

6. 催化剂回收率的考查

催化剂对于反应物应具有较高的催化活性及较长的使用寿命，同时催化剂应具有可回收性，对回收的催化剂进行表征，找出其催化反应机理，基于以上原因在催化剂焙烧温度 500℃，焙烧时间 3 h，用量 1.00 g，反应气体流速 1.00 mL/min，体积分数为 23.42%，水蒸气体积分数为 76.58%，连续反应 15 h 条件下，考查了 ZrO_2、TiO_2、MoO_3、ZrO_2-TiO_2 及 MoO_3-TiO_2/ZrO_2 催化剂的回收率，结果如表 2.5 所示。

表 2.5 不同催化剂的回收率

催化剂	回收率/%
ZrO_2	29.67
TiO_2	78.82
MoO_3	10.32
ZrO_2-TiO_2	30.55
MoO_3-TiO_2/ZrO_2	80.73

2.2.7　MoO_3-TiO_2/ZrO_2 催化水解 HCFC-22 机理分析

催化剂制作工艺是整个气固催化反应的核心，本节利用 X 射线衍射、扫描电子显微镜及能量色散 X 射线谱等近代物理方法和实验技术对催化剂进行表征，以期说明固体酸 MoO_3-TiO_2/ZrO_2 催化水解 HCFC-22 的反应机理和规律，以便筛选出活性高、选择性好和稳定性强的催化剂制备工艺条件。

1. X 射线衍射

1) TiO_2 的 XRD 图谱

按 2.2.2 节的方法制备 TiO_2 催化剂，图 2.19 为 TiO_2 反应前与反应 20 h 后的 XRD 图谱。由图 2.19 可知，在 2θ= 25.281°、37.80°和 48.04°表现出锐钛矿型结构，说明主要结构为锐钛矿型的 TiO_2 催化剂，催化水解 HCFC-22 活性高、稳定性好，但选择性差。反应后在 2θ= 20.86°、26.64°和 50.13°等处表现出了四面体的 SiO_2 构型，来源于在回收催化过程中掺杂的，作为催化剂填充载体的石英砂。

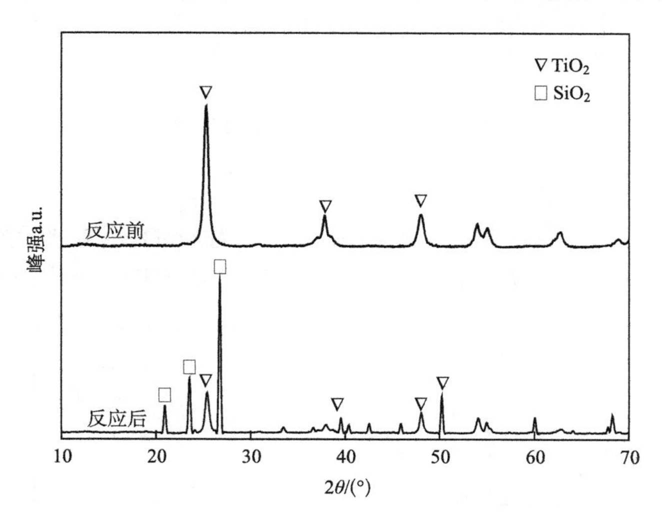

图 2.19　TiO_2 催化剂 XRD 图谱

综上所述，在 500℃焙烧下，主要结构为锐钛矿型的 TiO_2 催化水解 HCFC-22 活性高、稳定性好，但其选择性较差。

2) ZrO_2 的 XRD 图谱

按 2.2.3 节的方法制备 ZrO_2 催化剂，图 2.20 为 ZrO_2 反应前与反应 20 h 后的 XRD 图谱。由图 2.20 可知在 2θ = 30.27°、34.81°、51.34°有较强吸收峰，说明在 500℃焙烧下 ZrO_2 主要为四面体结构，在反应 20 h 后四面体型 ZrO_2 的特征吸收峰消失，反应后 ZrO_2 主要以无定形的形态存在，结合图 2.10 及表 2.3 可知，四面体型的 ZrO_2 催化水解 HCFC-22 催化活性低、催化选择性差、使用寿命短、催化剂回收率较低。综上所述，主要结构为四面体型的 ZrO_2 催化剂，不适宜作为催化水解 HCFC-22 的催化剂。

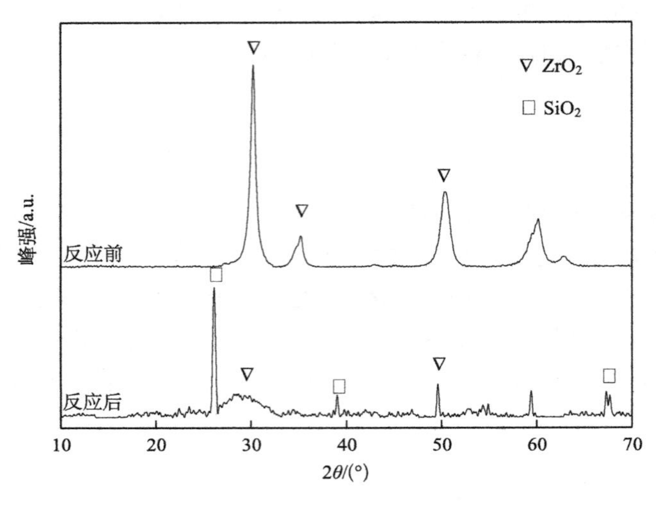

图 2.20　ZrO_2 催化剂 XRD 图谱

3) MoO_3 的 XRD 图谱

按 2.2.4 节的方法制备 MoO_3 催化剂，图 2.21 为 MoO_3 反应前后的 XRD 图谱。由图 2.21 可知在 2θ=30.27°、34.81°、43.14°有较强吸收峰，说明在 500℃焙烧下

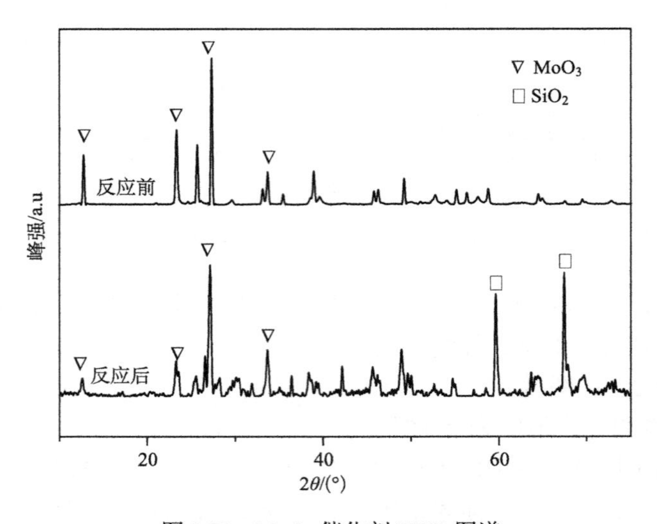

图 2.21　MoO_3 催化剂 XRD 图谱

MoO_3 主要为立方体结构，在连续反应 20 h 后其结构基本保持不变，由此可见主要结构为四面体构型的 MoO_3 作为催化剂催化水解 HCFC-22 时稳定性较强，结合图 2.12 可知，MoO_3 催化剂催化水解 HCFC-22，随水解温度的增加，HCFC-22 水解率缓慢增大，当 HCFC-22 水解率≥40%后，继续增大水解温度 HCFC-22 基本保持不变。综上所述，在 500℃焙烧下，主要结构为四面体的 MoO_3 的催化剂催化水解 HCFC-22 活性低但其选择性较高。

4) TiO_2-ZrO_2 的 XRD 图谱

按 2.2.5 节的方法制备 TiO_2-ZrO_2 催化剂，图 2.22 为 TiO_2-ZrO_2 的 XRD 图谱。由图 2.22 可知，以 500℃焙烧的 TiO_2-ZrO_2 催化剂主要以无定形态存在，结合图 2.13 及图 2.14 可以看出以无定形态存在的 TiO_2-ZrO_2 催化剂催化水解 HCFC-22 的催化活性好、选择性高，但其使用寿命较短，可能原因是无定形态存在的 TiO_2-ZrO_2 催化剂，催化反应过程中易与反应气体产物结合被带出催化反应床。综上所述，以无定形态存在的 TiO_2-ZrO_2 催化剂催化水解 HCFC-22 活性高但选择性稍差，使用寿命较短。

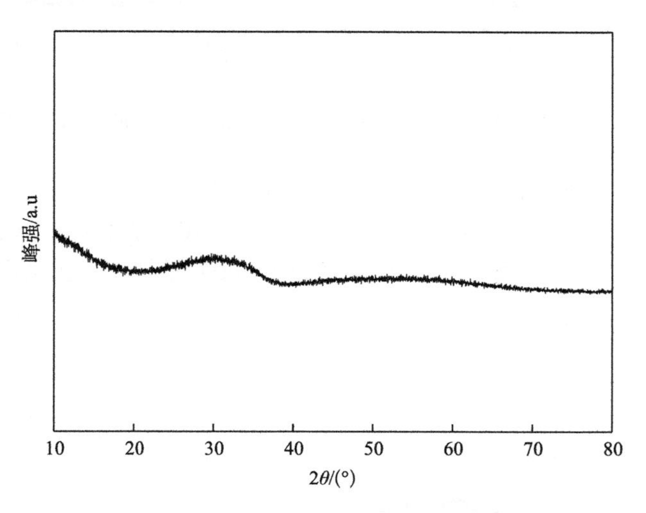

图 2.22　TiO_2-ZrO_2 催化剂 XRD 图谱

5) 不同焙烧温度下 MoO_3-TiO_2/ZrO_2 的 XRD 图谱

按 2.2.6 节的方法在不同焙烧温度下制备 MoO_3-TiO_2/ZrO_2 催化剂，图 2.23 为不同焙烧温度下的 XRD 图谱。由图 2.23 可知，400℃焙烧的 MoO_3-TiO_2/ZrO_2 催化剂主要以无定形态存在，随焙烧温度的升高 MoO_3-TiO_2/ZrO_2 催化剂呈现出了一定的晶型结构。500℃焙烧样品在 2θ=23.180°、30.526°和 50.033°分别对应立方晶相 $Zr(MoO_4)_2$ 的特征衍射峰，说明 MoO_3 和 ZrO_2 在 500℃焙烧下发生了晶相反应，在 2θ=24.942°、35.379°和 47.389°表现出锐钛矿型结构，这与已知报道的文献[51]

描述一致，说明该催化剂主要成分是四方晶相的 $Zr(MoO_4)_2$，锐钛矿型 TiO_2 掺杂其中。由前面实验可以看出焙烧温度对 MoO_3-TiO_2/ZrO_2 催化剂催化水解 HCFC-22 有一定影响，MoO_3-TiO_2/ZrO_2 结晶性越好对 HCFC-22 催化活性就越高，综合考虑 MoO_3-TiO_2/ZrO_2 催化剂最佳焙烧温度为 500℃。

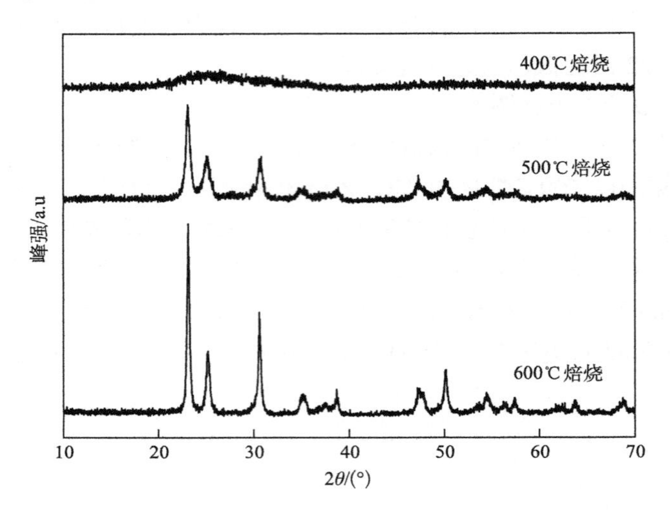

图 2.23 不同焙烧温度下 MoO_3-TiO_2/ZrO_2 催化剂的 XRD 图谱

6) 不同焙烧时间下 MoO_3-TiO_2/ZrO_2 XRD 图谱

按 2.2.6 节中不同焙烧时间制备 MoO_3-TiO_2/ZrO_2 催化剂，图 2.24 为 500℃不同焙烧时间的 XRD 图谱，由图 2.24 可知在 500℃焙烧下，在焙烧时间为 1 h 和

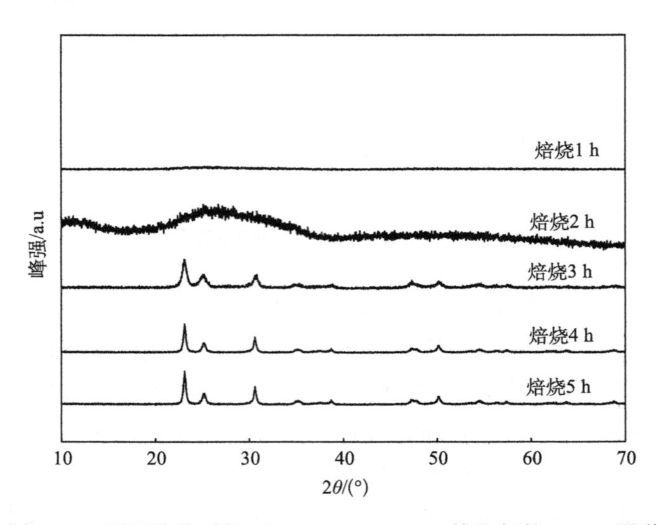

图 2.24 不同焙烧时间下 MoO_3-TiO_2/ZrO_2 催化剂的 XRD 图谱

2 h 时 MoO_3-TiO_2/ZrO_2 催化剂主要以无定形态存在，当焙烧时间≥3 h 后 MoO_3-TiO_2/ZrO_2 催化剂呈现一定的晶型结构，从图中可知 500℃焙烧温度下，该催化剂随焙烧时间的增加结晶性增强，结合图 2.16 可知，MoO_3-TiO_2/ZrO_2 催化剂结晶性越好其催化水解 HCFC-22 的活性越高。综上所述，MoO_3-TiO_2/ZrO_2 催化剂的结晶性对催化水解 HCFC-22 的活性有明显影响，MoO_3-TiO_2/ZrO_2 结晶性越高催化活性越强。

2. 能谱分析

1) 反应后 TiO_2 能谱表征

采用 500℃焙烧 3 h 下制备的 TiO_2 催化剂，在 2.1.3 小节实验条件下连续反应 20 h 后回收，进行 EDS 分析，反应 20 h 后的 TiO_2 催化剂能谱如图 2.25 所示。由图 2.25 可知，在催化反应后该催化剂中掺杂了氟元素及硅元素，主要原因是催化剂 TiO_2 在催化反应过程中的氟化现象[76-78]，催化剂表面活性组分与氟元素相结合，这也是 TiO_2 催化剂选择性较低的原因，其中的硅元素主要来源于作为催化剂填充载体的 SiO_2，这是在催化剂回收过程中混入的。综上所述，TiO_2 催化剂催化水解 HCFC-22 活性高、使用寿命较长，氟化现象导致其选择性较差。

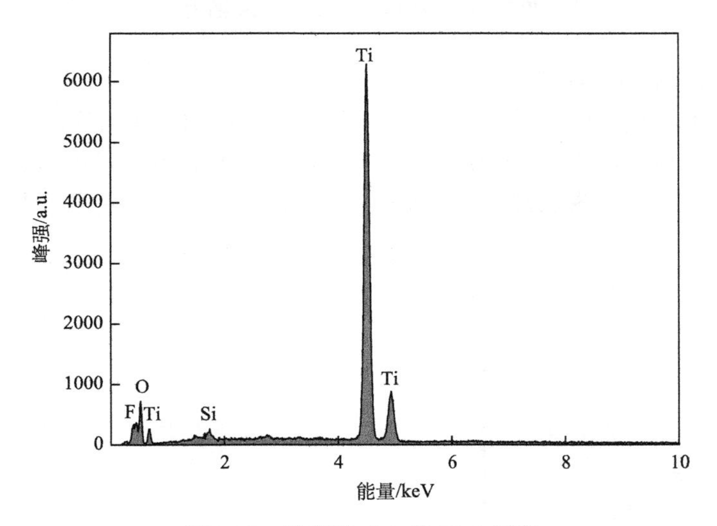

图 2.25　反应后 TiO_2 的 EDS 图谱

2) 反应后 ZrO_2 能谱表征

采用 500℃焙烧 3 h 下制备的 ZrO_2 催化剂，在 2.1.3 小节实验条件下催化 HCFC-22 水解，连续反应 20 h 后回收，进行 EDS 分析，反应 20 h 后的 ZrO_2 催化剂能谱如图 2.26 所示。由图 2.26 可知，在 ZrO_2 催化反应后催化剂中结合了较多的氟元素，这是催化剂在催化反应中的氟化现象造成的，这也是造成 ZrO_2 催化剂在催化反应过程中选择性极低的原因。综上所述，ZrO_2 催化水解 HCFC-22 的反应过程中氟化现象严重，单独 ZrO_2 催化的选择性极差。

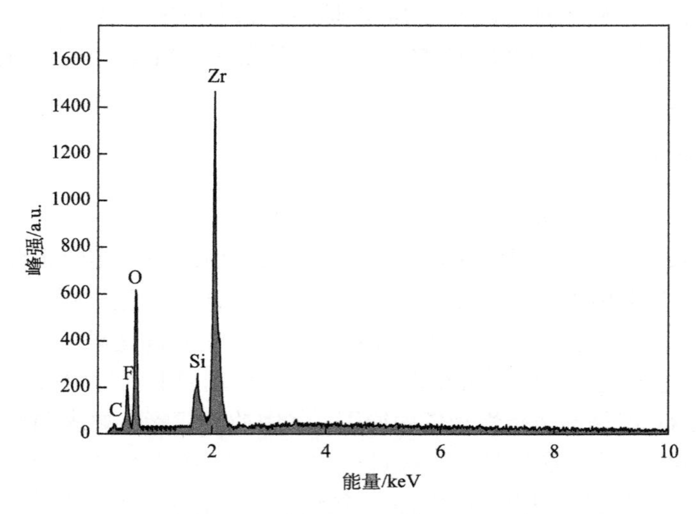

图 2.26　反应后 ZrO_2 的 EDS 图谱

3) 反应后 MoO_3 能谱表征

采用 500℃焙烧 3 h 下制备的 MoO_3 催化剂，在 2.1.3 小节实验条件下催化水解 HCFC-22，连续反应 20 h 后回收，进行 EDS 分析，反应后的 MoO_3 催化剂能谱如图 2.27 所示。由图 2.27 可知，MoO_3 催化剂在催化反应完成后未检测到明显

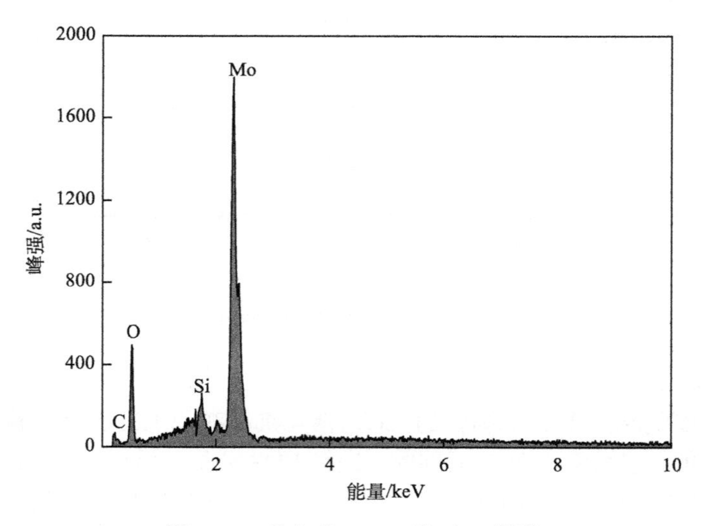

图 2.27　反应后 MoO_3 的 EDS 图谱

的氟元素，该催化剂在催化反应过程中并无明显的氟化现象，但其催化活性较低，结合表 2.5 可以看出 MoO_3 催化剂的回收率极低，主要原因为 MoO_3 催化剂在反应过程中进入了具有较大比表面积 SiO_2 的孔道中，这与已知报道的文献[79]描述一致，催化剂中硅元素由回收过程混入。综上所述，单独的 MoO_3 催化剂催化水解 HCFC-22 反应过程中并无明显的氟化现象，该催化剂选择性高但催化活性较差。

4) 反应后 TiO_2-ZrO_2 能谱表征

以 500℃焙烧 3 h 下制备的 TiO_2-ZrO_2 催化剂，在 2.1.3 小节实验条件下催化水解 HCFC-22，在连续反应 20 h 后回收，进行 EDS 分析，反应后的 TiO_2-ZrO_2 催化剂能谱如图 2.28 所示。由图 2.28 可知，主要结构为无定形态存在的 TiO_2-ZrO_2 催化剂在反应中也有一定的氟化现象，这也是 TiO_2-ZrO_2 催化剂在催化水解 HCFC-22 过程中有 $CHCl_3$ 和 $CFCl_3$ 副产物生成的主要原因。综上所述，TiO_2-ZrO_2 催化剂催化水解 HCFC-22 反应过程中有一定氟化现象，TiO_2-ZrO_2 催化剂催化水解 HCFC-22 活性高但选择性稍差。

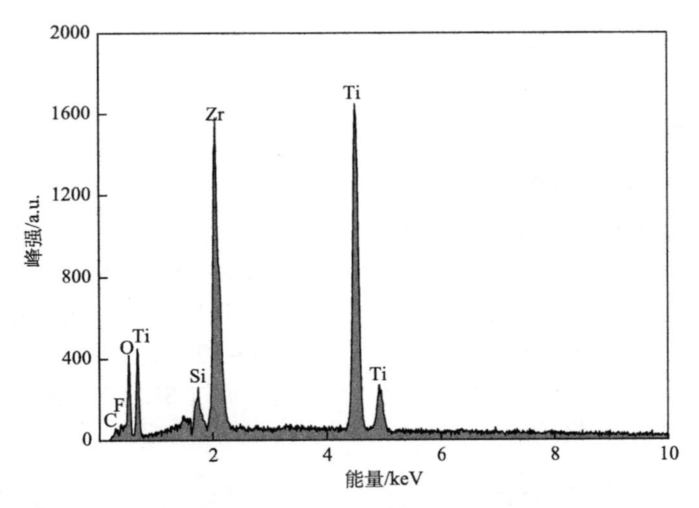

图 2.28　反应后 TiO_2-ZrO_2 的 EDS 图谱

5) 反应后 MoO_3-TiO_2/ZrO_2 能谱表征

采用 0.25 mol/L 的钼酸铵 60℃一次过饱和浸渍，500℃焙烧 3 h 的 MoO_3-TiO_2/ZrO_2 催化剂，在 2.1.3 小节的实验条件下催化水解 HCFC-22，在连续反应 20 h 后回收，进行 EDS 分析，反应后的 MoO_3-TiO_2/ZrO_2 催化剂能谱如图 2.29 所示。由图 2.29 可知，MoO_3-TiO_2/ZrO_2 在反应完回收后并未检测到明显的氟元素，证明该催化剂在催化水解 HCFC-22 反应过程中并无明显的氟化现象。综上所述，主要结构为四方晶相的 $Zr(MoO_4)_2$ 的 MoO_3-TiO_2/ZrO_2 催化剂在催化水解

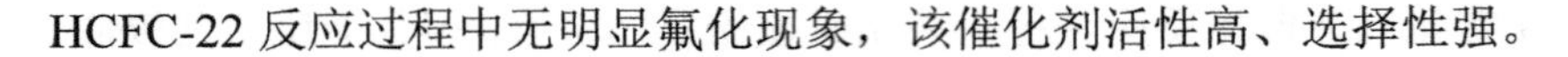

HCFC-22 反应过程中无明显氟化现象，该催化剂活性高、选择性强。

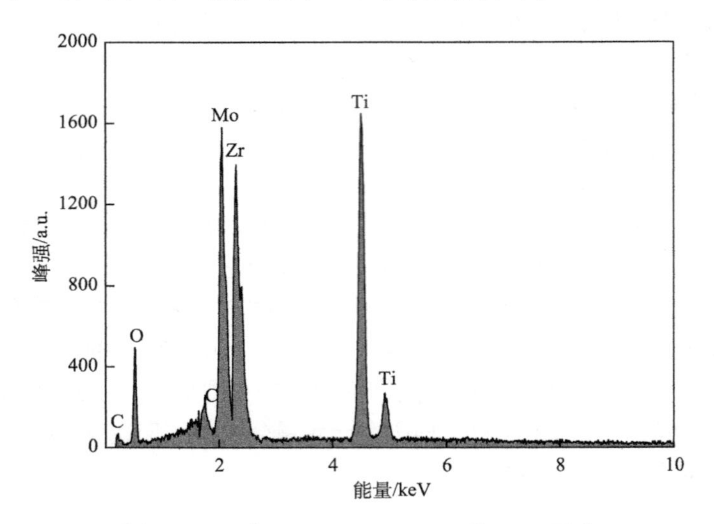

图 2.29　反应后 MoO_3-TiO_2/ZrO_2 的 EDS 图谱

3. 扫描电镜

1) 反应前后 TiO_2 扫描电镜表征

图 2.30 为反应前后 TiO_2 扫描电镜照片。从图 2.30 可以看出，以 500℃焙烧的 TiO_2 催化剂颗粒均匀呈现一定的晶型结构，与 XRD 表征结果一致，观察连续反应 20 h 后的 TiO_2 催化剂的扫描电镜照片可知，反应后的 TiO_2 催化剂颗粒形貌基本无明显改变。综上所述，以 500℃焙烧的 TiO_2 催化剂呈现一定的晶型结构，在催化水解 HCFC-22 过程中较为稳定，反应前后通过 SEM 未观测到催化剂表面的形貌发生明显的变化。

(a) 反应前

(b) 反应后

图 2.30　反应前后 TiO_2 SEM 照片

2) 反应前后 ZrO_2 扫描电镜表征

图 2.31 为反应前后 ZrO_2 扫描电镜照片。从图 2.31 可以看出，ZrO_2 催化剂在反应前呈现一定的晶型结构，但反应 20 h 后 ZrO_2 催化剂未观测到明显的晶型结构。综上所述，以 500℃焙烧的 ZrO_2 催化剂有一定晶型结构，在催化水解 HCFC-22 过程中 ZrO_2 催化剂由晶态向非晶态转变，说明其稳定性较差。

(a) 反应前

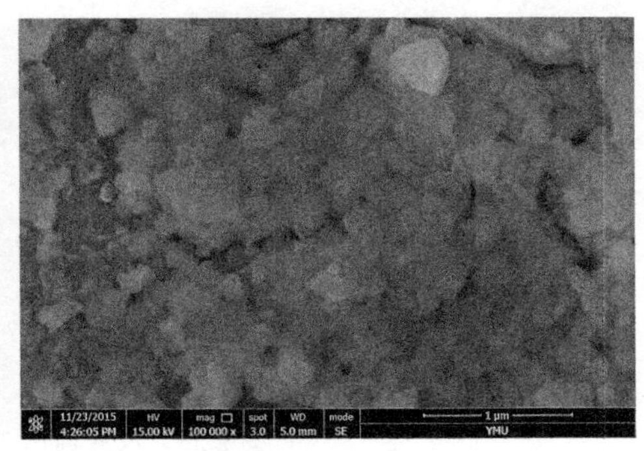

(b) 反应后

图 2.31　反应前后 ZrO_2 SEM 照片

3) 反应前后 MoO_3 扫描电镜表征

图 2.32 为反应前后 MoO_3 扫描电镜照片。从图 2.32 可以看出以 500℃焙烧的 MoO_3 有一定的晶型结构，在催化水解 HCFC-22 过程中 MoO_3 催化剂由晶态向无定形态转变。综上所述，单独的 MoO_3 催化水解 HCFC-22 过程中稳定性较差。

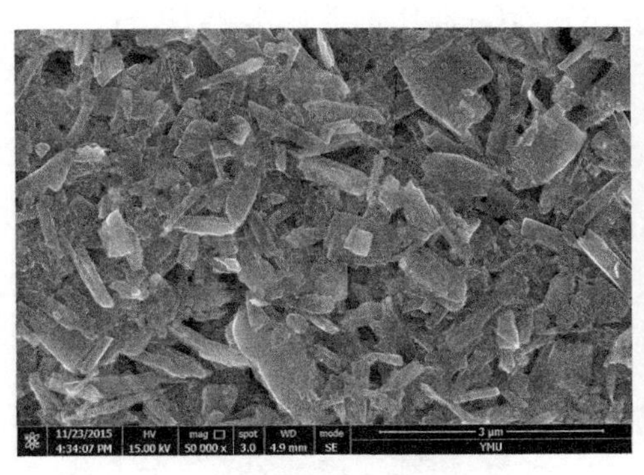

(a) 反应前

(b) 反应后

图 2.32　反应前后 MoO_3 SEM 照片

4) 反应前后 TiO_2-ZrO_2 扫描电镜表征

图 2.33 为反应前后 TiO_2-ZrO_2 扫描电镜照片。从图 2.33 可知，TiO_2-ZrO_2 催

化剂在 500℃焙烧下无烧结现象，TiO_2-ZrO_2 催化剂主要以无定形态存在，SEM 观测反应前后 TiO_2-ZrO_2 无明显变化。综上所述，500℃焙烧下的 TiO_2-ZrO_2 催化剂主要以无定形态存在，反应前后晶型无明显变化。

(a) 反应前

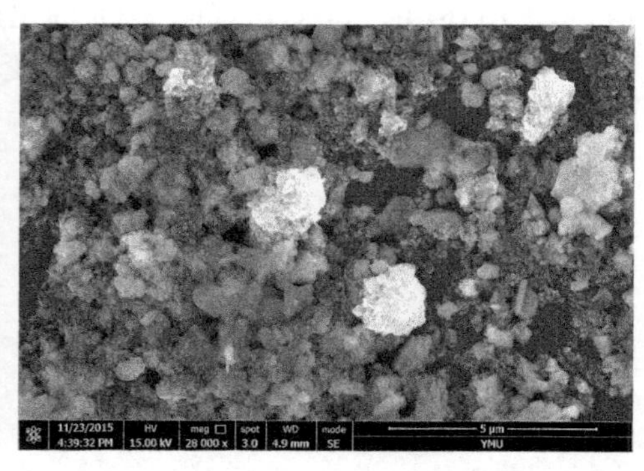

(b) 反应后

图 2.33　反应前后 TiO_2-ZrO_2 SEM 照片

5) 反应前后 MoO_3-TiO_2/ZrO_2 扫描电镜表征

图 2.34 为反应前后 MoO_3-TiO_2/ZrO_2 扫描电镜照片。从图 2.34 可以看出，经 500℃焙烧 3 h 的固体酸 MoO_3-TiO_2/ZrO_2 催化剂，有一定烧结现象，呈现出一定的晶型结构，与 XRD 表征结果一致，反应回收后通过 SEM 可以明显看出 MoO_3-TiO_2/ZrO_2 催化剂晶型保持完好，从反应后的图中可以看到有微小的无定形颗粒存在，主要是作为催化剂填料载体的 SiO_2 在回收过程中混入的，这与 EDS 表征结果一致。综上所述，固体酸 MoO_3-TiO_2/ZrO_2 催化剂催化水解 HCFC-22 稳定性较高且使用寿命较长。

(a) 反应前

(b) 反应后

图 2.34　反应前后 MoO_3-TiO_2/ZrO_2 SEM 照片

4. 催化水解机理

主要以锐钛矿型存在的二氧化钛(a-TiO_2)，因其成本低廉、具有良好的催化活性，常单独作为催化剂应用于各种催化领域，二氧化锆同时具有酸碱性、氧化性和还原性，可作为催化剂及催化剂载体，本章将两者复合为无定形态的 am-TiO_2-ZrO_2 催化载体，采用钼酸铵溶液浸渍后进行焙烧，制备出主要结构为四方晶相的 $Zr(MoO_4)_2$ 掺杂锐钛矿型 TiO_2 的复合多元 MoO_3-TiO_2/ZrO_2 固体酸催化剂。

本章对复合多元固体酸组成成分进行单独催化反应，实验检测及 EDS 表征结果表明，立方形结构的 TiO_2 对 HCFC-22 具有较高的催化活性，但氟化现象明显，选择性较差，实验表明催化剂各构成组分催化活性顺序为

a-TiO_2＞t-MoO_3/ZrO_2-TiO_2 ＞am-TiO_2-ZrO_2＞t-ZrO_2＞t-MoO_3

选择性为

t-MoO_3＞t-MoO_3/ZrO_2-TiO_2＞t-TiO_2＞am-TiO_2-ZrO_2＞t-ZrO_2

MoO_3 的引入在增加了酸量的同时也提高了复合固体酸的选择性。复合多元催化剂 MoO_3-ZrO_2/TiO_2 拥有较多的酸位，其酸位结构如图 2.35 的模型所示。

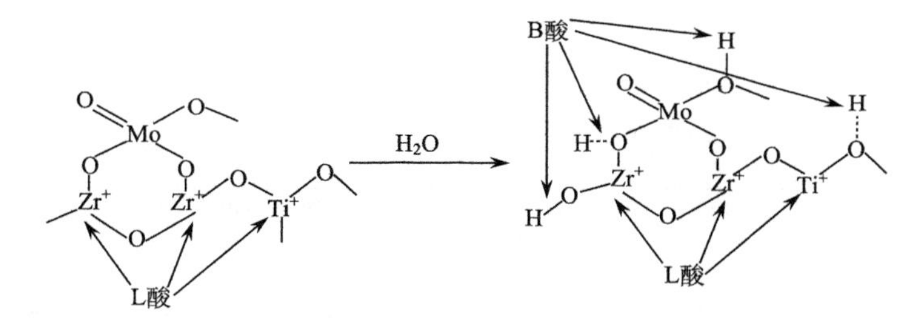

图 2.35　MoO_3-ZrO_2/TiO_2 的酸位结构

由图 2.35 可知，该催化剂拥有多类型的酸位，当 HCFC-22 通入反应器时，由于氟利昂中含有的卤素电负性较强，与 B 型酸及 L 型酸发生类似的置换反应，从而使 CHF_2Cl 发生分解生成 CO、CO_2、HF 及 HCl，按本章的实验条件，未通入 O_2 检测产物时发现了有 CO_2 气体生成，其可能来源于水中的溶解氧。

2.3　固体酸 MoO_3-TiO_2/ZrO_2 催化水解 CFC-12

依据《京都议定书》，至 2010 年全世界范围内已停止高消耗臭氧的 CFC-12 生产，但一些废旧设备中仍残存一定量的 CFC-12，因此选择合适的催化剂及催化水解 CFC-12 的工艺也是非常必要的。本节在前节的固体酸制备工艺的基础上继续使用 MoO_3-TiO_2/ZrO_2 固体酸催化剂，重点研究了 MoO_3-TiO_2/ZrO_2 固体酸催化

剂的催化活性及低浓度氟利昂的催化水解工艺条件。实验结果表明，MoO_3-TiO_2/ZrO_2催化剂对低浓度 CFC-12 水解具有优良的活性及选择性。

2.3.1 TiO_2对 CFC-12 催化效果实验

TiO_2催化剂的制备：按 2.2.2 节所示流程制备 TiO_2 催化剂。

实验条件：催化剂 TiO_2焙烧温度 500℃，焙烧时间 3 h，用量 1.00 g；CFC-12 流速 1.00 mL/min，体积分数为 16.82%，水蒸气体积分数为 83.18%。实验结果如图 2.36 所示。

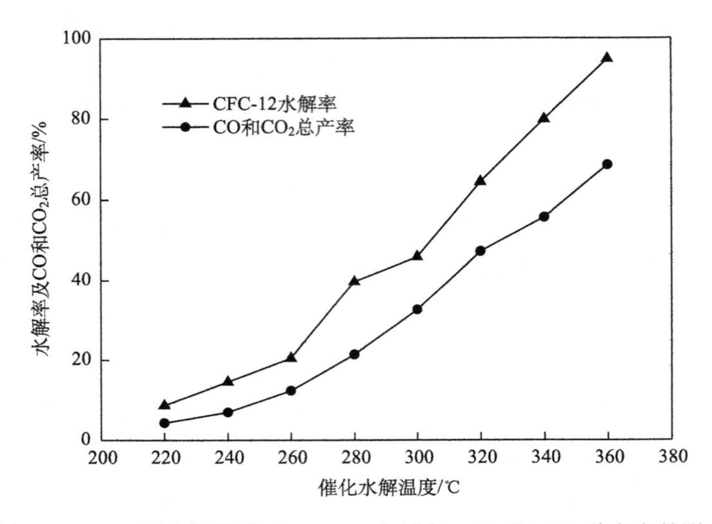

图 2.36 TiO_2下水解温度对 CFC-12 水解率、CO 和 CO_2总产率的影响

由图 2.36 可知，TiO_2催化剂对 CFC-12 具有较高的催化活性，CFC-12 水解率及 CO 和 CO_2总产率随催化水解温度的升高逐渐增大，当水解温度大于 300℃后 CFC-12 水解率呈现直线形上升，当水解温度为 360℃时 CFC-12 水解率达到 94.83%，CO 及 CO_2总产率在 60%以上，采用气相色谱与质谱联用仪对反应产物进行定性检测时发现，反应产物中出现了 CF_4及 $CFCl_3$副产物，会造成二次污染。综上所述，单独的 TiO_2催化剂催化水解 CFC-12，随催化水解温度的升高 CFC-12 水解率增大，TiO_2催化剂具有较高的催化活性，但反应中有一定副产物生成，该催化剂选择性稍差。

2.3.2 ZrO_2对 CFC-12 催化效果实验

ZrO_2催化剂的制备：按 2.2.2 节所示流程及 2.2.3 节中的方法制备 ZrO_2 催化剂。

实验条件：催化剂 ZrO_2焙烧温度 500℃，焙烧时间 3 h，用量 1.00 g；CFC-12

流速 1.00 mL/min，体积分数为 16.82%，水蒸气体积分数为 83.18%。实验结果如图 2.37 所示。由图 2.37 可知，ZrO_2 催化剂对 CFC-12 具有一定的催化活性，CFC-12 水解率随催化水解温度的升高而增大，当催化水解温度达到 380℃后继续增大催化水解温度，CFC-12 水解率增加趋势趋于平缓，当催化水解温度为 420℃时 CFC-12 水解率为 41.44%，CO 及 CO_2 总产率为 29.97%。由此可以看出同时具有酸碱两性的 ZrO_2 催化剂催化水解 CFC-12 催化活性较低，反应后的气体通过 GC/MS 定性分析发现，反应中有一定的副产物 $CFCl_3$ 生成。综上所述，ZrO_2 催化剂催化水解 CFC-12 催化活性及催化选择性较差。

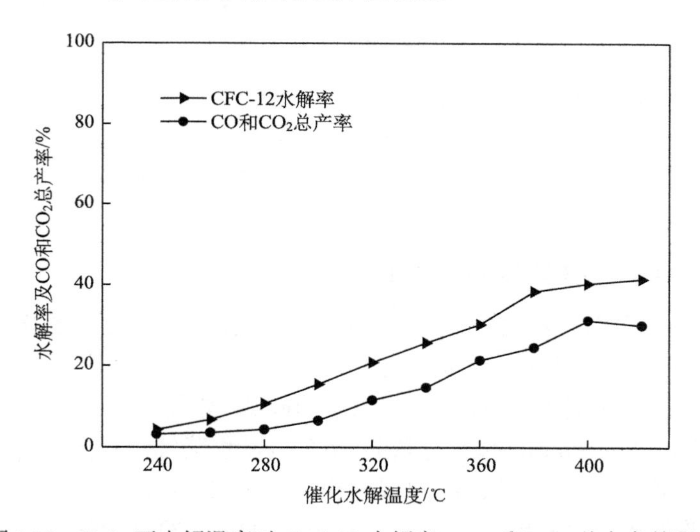

图 2.37　ZrO_2 下水解温度对 CFC-12 水解率、CO 和 CO_2 总产率的影响

2.3.3　MoO_3 对 CFC-12 催化效果实验

MoO_3 的制备：称取适量的钼酸铵经烘干磨细再以 500℃的焙烧温度焙烧后制得 MoO_3 催化剂。

实验条件：催化剂 MoO_2 焙烧温度 500℃，焙烧时间 3 h，用量 1.00 g；CFC-12 流速 1.00 mL/min，体积分数为 16.82%，水蒸气体积分数为 83.18%。实验结果如图 2.38 所示。

由图 2.38 可以看出，MoO_3 催化剂催化水解 CFC-12 具有一定的催化活性效果，但其催化活性较差，当催化水解温度为 420℃时 CFC-12 水解率仅为 26.15%。综上所述，单独的 MoO_3 催化剂催化水解 CFC-12 催化活性较差。

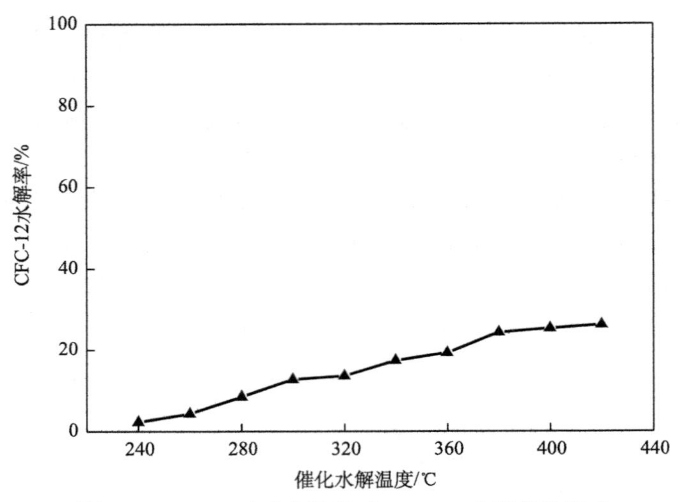

图 2.38　MoO_3 下反应温度对 CFC-12 水解率的影响

2.3.4　TiO_2-ZrO_2 对 CFC-12 催化效果实验

TiO_2-ZrO_2 的制备：按 2.2.3 节中的方法制备出 TiO_2-ZrO_2，据图 2.22 可知该催化剂在 500℃焙烧下主要以无定形态存在。

实验条件：催化剂 TiO_2-ZrO_2 焙烧温度 500℃，焙烧时间 3 h，用量 1.00 g；CFC-12 流速 1.00 mL/min，体积分数为 16.82%，水蒸气体积分数为 83.18%。实验结果如图 2.39 所示。由图 2.39 可以看出，TiO_2-ZrO_2 催化剂催化 CFC-12 的水解具有一定的催化水解效果，CFC-12 水解率、CO 和 CO_2 总产率与催化水解温度

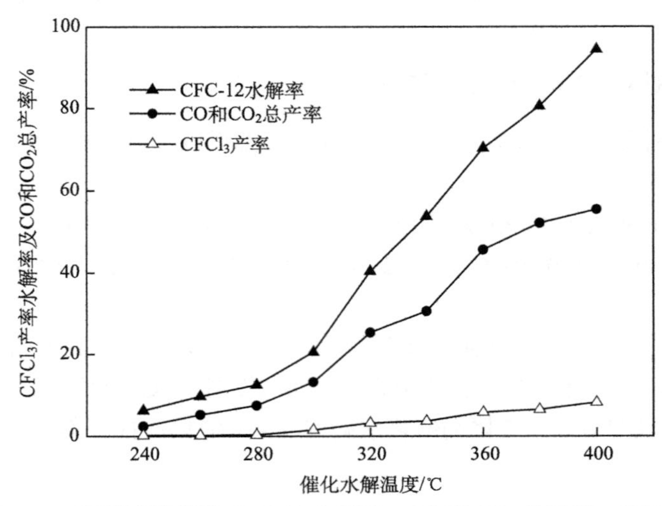

图 2.39　TiO_2-ZrO_2 下反应温度对 CFC-12 水解率、CO 和 CO_2 总产率、$CFCl_3$ 产率的影响

呈正比关系，催化水解温度大于 320℃后 CFC-12 水解率随催化水解温度的升高增加较快，相应的产物也呈现出此增长关系，当催化水解温度为 400℃时 CFC-12 水解率为 94.48%，CO 和 CO_2 总产率为 55.44%，$CFCl_3$ 产率为 8.22%。综上所述，以无定形态存在的 TiO_2-ZrO_2 催化剂催化水解 CFC-12 催化活性高但催化选择性较差。

2.3.5　MoO_3-TiO_2/ZrO_2 对 CFC-12 催化效果实验

1. 催化水解温度对 CFC-12 水解率的影响

实验条件：催化剂 MoO_3-TiO_2/ZrO_2 焙烧温度 500℃，焙烧时间 3 h，用量 1.00 g；CFC-12 流速 1.00 mL/min，体积分数为 16.82%，水蒸气体积分数为 83.18%。实验结果如图 2.40 所示。由图 2.40 可知，该催化工艺条件下制备的 MoO_3-TiO_2/ZrO_2 催化剂，随水解温度的升高 CFC-12 水解率逐渐增大，主要原因为 CFC-12 的水解反应主要按反应(2.10)进行，该反应为吸热反应，因此 CFC-12 水解率随催化水解温度的增大而增加，反应中通过质谱分析发现 CFC-12 降解产物中有一定的 CO_2 气体生成，其主要源于反应(2.11)。

$$CF_2Cl_2 + H_2O \longrightarrow CO + HCl + HF \tag{2.10}$$

$$CF_2Cl_2 + O_2 + H_2O \longrightarrow CO_2 + HF + HCl \tag{2.11}$$

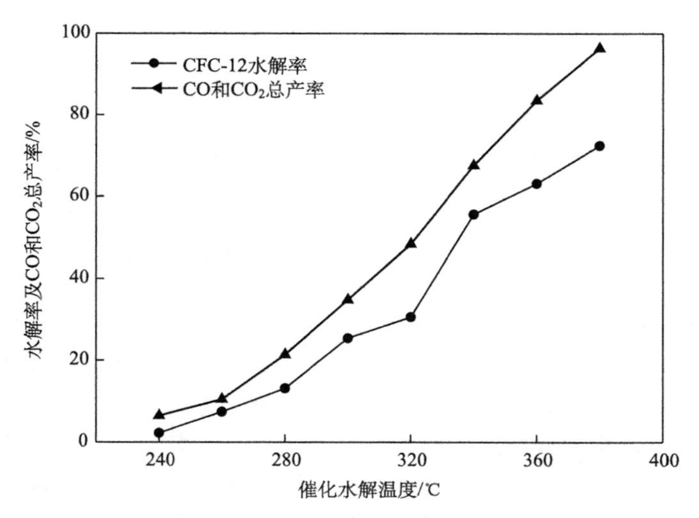

图 2.40　MoO_3-TiO_2/ ZrO_2 下反应温度对 CFC-12 水解率、CO 和 CO_2 总产率的影响

反应中 O_2 主要源于水中的溶解氧及反应前催化反应床中未排尽的空气，当催化水解温度为 380℃时 CFC-12 水解率为 96.36%，CO 和 CO_2 总产率达到 72.44%，

由此可见 CFC-12 在 MoO_3-TiO_2/ZrO_2 催化剂催化下水解较为完全。综上所述，以500℃焙烧 3 h 的复合固体酸 MoO_3-TiO_2/ZrO_2 催化剂催化水解 CFC-12，催化活性较高、选择性较好，该工艺条件下 MoO_3-TiO_2/ZrO_2 催化剂是催化水解 CFC-12 较为理想的催化剂之一。

2. 水蒸气浓度对 CFC-12 水解率的影响

CFC-12 的分解反应主要为水解反应，因此考查水蒸气浓度对 CFC-12 水解率的影响必不可少。

实验条件：催化剂 MoO_3-TiO_2/ZrO_2 焙烧温度 500℃，焙烧时间 3 h，用量 1.00 g；CFC-12 流速 1.00 mL/min，催化水解温度为 380℃，通过调节水蒸气含量来考查水蒸气浓度对 CFC-12 水解率的影响，其实验结果如图 2.41 所示。

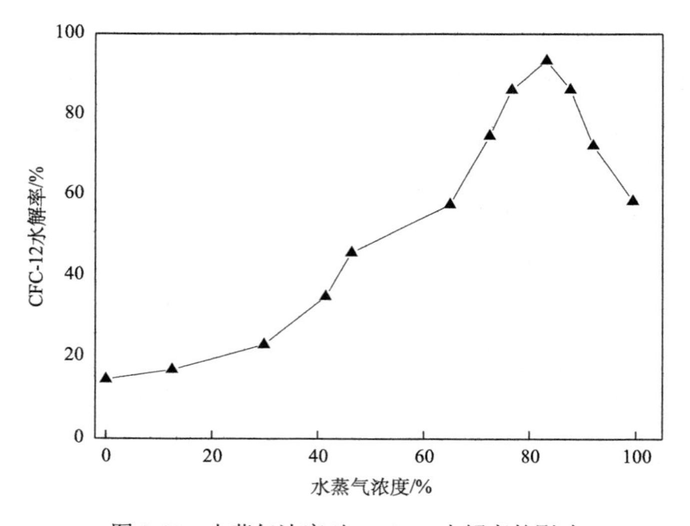

图 2.41　水蒸气浓度对 CFC-12 水解率的影响

由图 2.41 可知，水蒸气含量对 CFC-12 水解有显著影响，当体系中无水蒸气通过时，在该反应条件下 CFC-12 水解率仅为 14.31%，随着水蒸的通入 CFC-12 水解率逐渐增大，当水蒸气含量为 83.18%时 CFC-12 水解率达到最大值 93.44%，继续增大水蒸气体积分数，CFC-12 水解率反而减小。增大水蒸气含量的同时也导致了整个反应系统中的反应气体流速增大，气固接触时间缩短，同时较多的水蒸气在该装置中明显降低了反应时的温度，因此当水蒸气体积分数达到 83.18%时，继续增大水蒸气浓度 CFC-12 水解率减小，在该反应条件下最适的水蒸气体积分数为 83.18%。综上所述，在催化剂为 MoO_3-TiO_2/ZrO_2 条件下催化水解 CFC-12 最适的工艺条件为：催化剂用量 1.00 g，CFC-12 流速 1 mL/min，催化水解温度 380℃，水蒸气含量为 83.18%，该条件下 CFC-12 水解较为完全，其水解率在 90%以上。

3. 催化剂使用寿命考查

良好的催化剂不仅需要较高的催化活性、良好的催化选择性，同时还应具有较高的稳定性，因此必须对催化剂的使用寿命进行考查。

实验条件：催化剂 MoO_3-TiO_2/ZrO_2 用量 1.00 g(500℃焙烧 3 h)，CFC-12 流速 1 mL/min，水蒸气含量为 83.18%，催化水解温度为 380℃。在该条件下连续反应 30 h 考查催化剂的使用寿命，实验结果如图 2.42 所示。

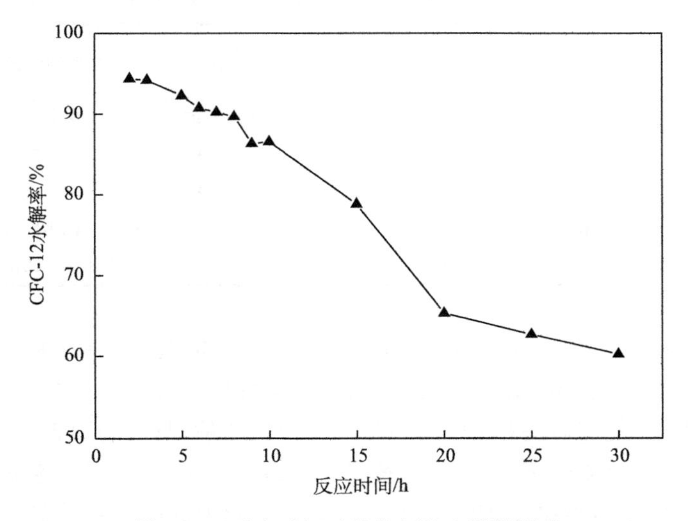

图 2.42　反应时间对催化剂稳定性的影响

由图 2.42 可以看出，在反应时间小于 10 h 时，CFC-12 水解率下降小于 10%，在这段时间内 MoO_3-TiO_2/ZrO_2 催化剂保持了较好的稳定性，当反应时间达到 20 h 时，CFC-12 水解率由 94.42%降至 65.34%之后下降速率趋于缓和。综上所述，以 500℃焙烧 3 h 制备的 MoO_3-TiO_2/ZrO_2 催化剂催化水解 CFC-12 具有良好的催化活性、较高的催化选择性和热稳定性。

2.4　MoO_3-TiO_2/ZrO_2 对 HCFC-22 和 CFC-12 的催化水解性能比较

催化剂各构成组分对 HCFC-22 和 CFC-12 的催化性能，如表 2.6 和表 2.7 所示。

表 2.6 不同催化剂对 HCFC-22 催化性能比较

催化剂	水解温度/℃	水解率/%	水解主产物	水解副产物	最适蒸气浓度
TiO_2	300	97.32	CO、CO_2、HF、HCl	CHF_3，CF_4	—
ZrO_2	360	48.14	CO、CO_2、HF、HCl	$CClF_3$，CCl_3F	—
MoO_3	390	45.05	CO、CO_2、HF、HCl	—	—
TiO_2-ZrO_2	360	95.54	CO、CO_2、HF、HCl	$CHCl_3$，CCl_3F	—
MoO_3-TiO_2/ZrO_2	330	94.48	CO、CO_2、HF、HCl	CHF_3	76.58%

表 2.7 不同催化剂对 CFC-12 催化性能比较

催化剂	水解温度/℃	水解率/%	水解主产物	水解副产物	最适蒸气浓度
TiO_2	360	94.83	CO、CO_2、HF、HCl	CHF_3，CF_4	—
ZrO_2	420	41.44	CO、CO_2、HF、HCl	CCl_3F	—
MoO_3	420	26.15	CO、CO_2、HF、HCl	—	—
TiO_2-ZrO_2	400	94.48	CO、CO_2、HF、HCl	CCl_3F	—
MoO_3-TiO_2/ZrO_2	380	96.36	CO、CO_2、HF、HCl	$CHCl_3$，CHF_3	83.18%

由表 2.6 和表 2.7 可知，MoO_3-TiO_2/ZrO_2 催化 HCFC-22 和 CFC-12 水解的主产物为 CO、CO_2、HF 和 HCl；CFC-12 水解率达到 90%以上时催化水解温度大于 HCFC-22，主要原因为 CFC-12 解离能＞HCFC-22 解离能；反应中 CFC-12 完全水解产物为 HF 和 HCl，产物中氢元素完全来源于 H_2O 中的氢，因此其完全水解时所需的水蒸气浓度要高于 HCFC-22；在催化反应中反应产生的氯和氟会与催化剂表面活性成分结合，从而造成催化剂催化效果降低，而 CFC-12 中比 HCFC-22 少了一个氢原子，因此催化剂在催化 CFC-12 时使用寿命较短。

2.5 本章小结

(1) 锐钛矿型结构的 TiO_2 和无定形 TiO_2-ZrO_2 的催化剂对低浓度 HCFC-22 水解有较高的催化活性，但选择性稍差。立方形结构的 ZrO_2 催化剂催化活性及选择性较差。立方形结构的 MoO_3 催化剂催化选择性好、活性低。

而在催化水解 CFC-12 时表现出了较强的催化活性，当催化水解温度分别为 360℃和 380℃时 CFC-12 的水解率可达到 90%以上，其主要的水解产物为 CO、CO_2、HF、HCl 及少量的 CF_3Cl 和 CF_4 气体，TiO_2 和 TiO_2-ZrO_2 催化剂催化水解 CFC-12 活性高，但选择性较差；立方形结构的 ZrO_2 及 MoO_3 对 CFC-12 催化活性较差，ZrO_2在催化分解CFC-12时有大量CF_3Cl生成，催化选择性较差。

(2) 固体酸MoO_3-TiO_2/ZrO_2对低浓度的HCFC-22水解有较高的催化活性及良好的催化选择性。固体酸催化剂MoO_3-TiO_2/ZrO_2的最佳制备条件为：钛锆物质的量比为7∶3，浸渍液$(NH_4)_6MoO_{24}\cdot 4H_2O$浓度为0.25 mol/L，浸渍温度为60℃，一次过饱和浸渍6 h，焙烧温度为500℃，焙烧时间为3 h。

立方形结构MoO_3-TiO_2/ZrO_2催化剂在催化水解CFC-12时表现出了较高的催化活性及选择性，当水解温度为380℃时CFC-12水解率可达到94%以上，稳定性实验研究表明，该催化剂具有较强的稳定性，在连续使用30 h后其对CFC-12的水解率仍能保持在60%以上。

(3) 在本实验装置及实验条件下催化剂MoO_3-TiO_2/ZrO_2催化分解HCFC-22最佳的工艺条件为：催化剂用量1.00 g，HCFC-22流量1 mL/min，水蒸气浓度为76.58%，催化水解温度330℃，该反应条件下HCFC-22的水解率达到90%以上。

MoO_3-TiO_2/ZrO_2催化分解CFC-12最佳的工艺条件为：催化剂用量1.00 g，CFC-12流量1 mL/min，水蒸气浓度为83.18%，催化水解温度380℃，该反应条件下CFC-12的水解率达到90%以上。

(4) 催化剂MoO_3-TiO_2/ZrO_2的稳定性实验研究表明：MoO_3-TiO_2/ZrO_2在催化水解HCFC-22反应中显示出较强的稳定性和选择性。在连续考查的40 h内，HCFC-22水解率下降了约14%，CO和CO_2总产率保持在60%～70%。

(5) 固体酸MoO_3-TiO_2/ZrO_2的X射线衍射及扫描电镜表征研究表明，500℃以上焙烧的MoO_3-TiO_2/ZrO_2催化剂发生了晶相反应，生成了主要结构为立方晶相的$Zr(MoO_4)_2$掺杂锐钛矿型TiO_2且催化活性较无定形态的高，焙烧时间对MoO_3-TiO_2/ZrO_2催化剂晶相反应有较强影响，当焙烧时间≥3 h时催化剂呈现立方晶态。

第 3 章　固体碱 MgO (CaO) /ZrO_2催化水解 HCFC-22 和 CFC-12

3.1　实验仪器及方法

3.1.1　实验仪器及试剂

实验所需主要仪器及试剂见表 3.1 和表 3.2。

表 3.1　主要仪器

仪器名称	型号	生产厂家
气相色谱与质谱联用仪	ThermoFisher (ISQ)	赛默飞世尔科技(中国)有限公司
色谱柱	260B142P	赛默飞世尔科技(中国)有限公司
管式炉	SK-G05123	天津市中环实验电炉有限公司
质量流量计	D08-19B	北京七星华创精密电子科技有限责任公司
质量流量显示仪	D07-4F	北京七星华创精密电子科技有限责任公司
电热套	SZCL-2	巩义市予华仪器有限责任公司
电子天平	STARTER 2100/3C pro	奥豪斯仪器(上海)有限公司
石英管	Φ3.5 mm×70 cm	自制
气体采样袋	0.2 L	上海毅畅实业有限公司

表 3.2　主要试剂

试剂名称	等级	生产厂家
$CHClF_2$	—	浙江巨化股份有限公司
CCl_2F_2	—	襄阳金莱尔制冷化工有限公司
N_2	99.99%	昆明梅塞尔气体产品有限公司
O_2	99.5%	昆明梅塞尔气体产品有限公司
$ZrOCl_2·8H_2O$	AR	国药集团化学试剂有限公司
$MgCl_2$	AR	天津市风船化学试剂科技有限公司
$CaCl_2$	AR	天津市津东天正精细化学试剂厂
氨水	25%	天津市风船化学试剂科技有限公司
NaOH	AR	天津市风船化学试剂科技有限公司
石英砂	AR	天津市风船化学试剂科技有限公司

3.1.2　实验方法

1. 催化剂的制备

1) ZrO_2 的制备

准确称量 6.500 g $ZrOCl_2 \cdot 8H_2O$，溶于 150 mL 蒸馏水中，搅拌条件下滴加氨水，调节 pH 为 9～10，常温下陈化 12 h，洗涤除去 Cl^-，烘干，在马弗炉中焙烧，温度为 500℃，时间为 3 h，研磨，即制得 ZrO_2 催化剂[103]。

2) MgO 的制备

准确称取 5.000 g $MgCl_2$，溶于 150 mL 蒸馏水，搅拌条件下滴加氨水，至 pH 为 9～10，常温下陈化 24 h，洗涤除去 Cl^-，烘干，在马弗炉中焙烧，温度为 600℃，时间为 4 h，研磨，即制得 MgO 催化剂[104,105]。

3) CaO 的制备

以 $CaCl_2$ 为原料，称取 5.500 g $CaCl_2$，以碳酸铵为沉淀剂，搅拌条件下滴加沉淀剂至 pH 为 9，常温下陈化 24 h，过滤除去 Cl^-，烘干，550℃焙烧，研磨，即得 CaO 催化剂[106,107]。

2. 气体组成筛选实验

采用正交试验确定气体组成，以 MgO/ZrO_2 作为催化剂，用量为 1.00 g，350℃条件下催化水解 HCFC-22，最高水解率为评价指标。本章研究的是低浓度氟利昂的催化降解，故选择最大浓度为 1.5%，在前期实验基础上，正交试验选取 HCFC-22 物质的量浓度、H_2O(g) 物质的量浓度、O_2 物质的量浓度、总流速作为实验因素进行实验，设计 $L_9(3^4)$ 正交实验表，如表 3.3 所示。

表 3.3　因素水平表

试验号	A HCFC-22 物质的量浓度/%	B H_2O(g) 物质的量浓度/%	C O_2 物质的量浓度/%	D 总流速/(mL/min)
1	0.5	10	2	5
2	0.5	25	8	10
3	0.5	40	5	15
4	1.0	10	8	15
5	1.0	25	5	5
6	1.0	40	2	10
7	1.5	10	5	10
8	1.5	25	2	15
9	1.5	40	8	5

3. MgO/ZrO_2 的制备及条件筛选实验

(1) 催化剂的制备：采用 $ZrOCl_2 \cdot 8H_2O$ 和 $MgCl_2$ 作为原料，以共沉淀法制备 MgO/ZrO_2 催化剂。用氨水作为沉淀剂，滴加至 pH 为 8～9，将制得的混合沉淀物充分搅拌 4 h 后，陈化 24 h，再用蒸馏水洗涤除去 Cl^-，烘干，在马弗炉中焙烧，研磨，即制得 MgO/ZrO_2 固体碱催化剂[108-111]。

(2) 催化剂制备条件筛选实验：查阅文献可知，影响催化剂性能的条件很多，如沉淀剂浓度、搅拌速率、陈化时间、催化剂组成、焙烧温度、焙烧时间等。在前期实验基础上，正交试验选取催化剂组成、焙烧温度、焙烧时间 3 个因素作为实验因子进行实验，以 HCFC-22 的最高水解率作为正交试验评价的综合指标。采用 $L_9(3^3)$ 正交表安排实验，如表 3.4 所示。

表 3.4　MgO/ZrO_2 的制备及条件筛选实验的因素水平表

试验号	A 镁锆物质的量比	B 焙烧温度/℃	C 焙烧时间/h
1	0.1	600	3
2	0.1	700	4
3	0.1	800	5
4	0.3	600	5
5	0.3	700	3
6	0.3	800	4
7	0.5	600	4
8	0.5	700	5
9	0.5	800	3

4. CaO/ZrO_2 的制备及条件筛选实验

(1) 催化剂的制备：以 $ZrOCl_2 \cdot 8H_2O$ 和 $CaCl_2$ 作为原料，采用沉淀过饱和浸渍法制备 CaO/ZrO_2 催化剂，称取一定量 $ZrOCl_2 \cdot 8H_2O$，配制浓度为 0.15 mol/L 的溶液，以氨水为沉淀剂，调节 pH 为 9，陈化 24 h，洗涤除去 Cl^-，以一定浓度的 $CaCl_2$ 溶液浸渍，110℃烘干，在马弗炉中焙烧，研磨，即制得催化剂[112-115]。

(2) 催化剂制备条件筛选：查阅文献可知，影响催化剂性能的条件很多，如沉淀剂浓度、搅拌速率、陈化时间、浸渍液浓度、浸渍时间、浸渍温度、焙烧温度等。为了得到最佳的制备条件，正交试验选取浸渍液浓度、浸渍时间、浸渍温度、焙烧温度、焙烧时间 5 个因素作为实验因素进行实验，以 HCFC-22 的最高水解率作为正交试验评价的综合指标。采用 $L_{16}(4^5)$ 正交表安排实验，如表 3.5 所示。

表 3.5　CaO/ZrO_2 的制备及条件筛选实验的因素水平表

试验号	A 浸渍液浓度 /(mol/L)	B 浸渍时间 /h	C 浸渍温度 /℃	D 焙烧温度 /℃	E 焙烧时间 /h
1	0.2	3	20	600	2
2	0.2	6	40	700	3
3	0.2	12	60	800	4
4	0.2	24	80	900	5
5	0.4	3	40	800	5
6	0.4	6	20	900	4
7	0.4	12	80	600	3
8	0.4	24	60	700	2
9	0.6	3	60	900	3
10	0.6	6	20	800	2
11	0.6	12	80	700	5
12	0.6	24	40	600	4
13	0.8	3	80	700	4
14	0.8	6	20	600	5
15	0.8	12	40	900	2
16	0.8	24	20	800	3

3.1.3　催化反应装置

由以上反应条件可知，CFCs 的催化分解[115-117]主要是在水蒸气存在的条件下，分解为 CO、HF 和 HCl，在 O_2 存在下，CO 进一步生成 CO_2，生成的酸性气体用碱液吸收。具体流程为：固体碱(MgO/ZrO_2、CaO/ZrO_2)催化剂用量，以 170 g 石英砂为催化剂填料载体填充于石英管中。以不同浓度的反应气体组成，用 NaOH 溶液作为吸收液。考查催化剂对氟利昂水解率的影响。反应 1 h 后采样，用气相色谱质谱联用仪(ThermoFisher，GC/MS)对氟利昂水解产物进行分析，取 5 个平行样进行检测。计算平均水解率。催化水解工艺流程图见图 2.1。

3.1.4　水蒸气流量计算

选择电热套作为加热装置制取水蒸气，首先将玻璃砂尾气吸收瓶洗净烘干，称量，记为 m_1，加一定量水，称重，记为 m_2，进行催化水解反应，反应一段时间记为 t，停止反应，对加了水的吸收瓶称重，记为 m_3，计算流速，计算公式如式(3.1)和式(3.2)所示。

水蒸气体积 V：

$$V=\frac{m_2-m_3}{18}\cdot\frac{RT}{P} \tag{3.1}$$

水蒸气流速 μ：

$$\mu=\frac{V}{t} \tag{3.2}$$

式中，V 为水蒸气体积(m^3)；m_2 为加水后总质量；m_3 为反应后剩余水质量；R=8.314 Pa·m^3/(mol·K)； T 为反应时加热温度(K)； P 为标准大气压(101325 Pa)。

3.1.5 气体分析检测方法

1. 检测方法

本章采用气相色谱质谱联用仪(GC/MS)进行定量与定性分析。仪器为美国赛默飞世尔科技(中国)有限公司生产，型号为 ThermoFisher(ISQ)，色谱柱为：赛默飞世尔科技(中国)有限公司生产的毛细管柱(100%二甲基聚硅氧烷)，型号：260B142P；检测条件为：进样口温度 80℃，柱温为 35℃，保留 3 min，载气为高纯 He(He 浓度≥99.999%)，恒流模式下流速为 1.00 mL/min，分流比 140∶1，质谱检测器为 EI 源，电子能量 70 eV，离子源温度 260℃，离子传输杆温度 280℃，进样量 0.1 mL。在此分析条件下对 HCFC-22 和 CFC-12 进行定性和定量分析，催化水解效果主要用 HCFC-22 水解率和 CO、CO_2 总产率来评价，其计算见式(2.5)和式 (2.6)所示。

2. 标准曲线

1) HCFC-22 标准曲线

配制浓度为 100 ppm、200 ppm、400 ppm、600 ppm、800 ppm、1000 ppm、1200 ppm、1400 ppm 的 HCFC-22 气体样品，在上述条件下分析，以浓度对峰面积作图，见图 2.5。

由标准曲线的相关系数 R^2= 0.9961 可知，仪器满足所测物质的定量分析要求。

2) CFC-12 标准曲线

配制浓度为 100 ppm、200 ppm、400 ppm、600 ppm、800 ppm、1000 ppm、1200 ppm、1400 ppm 的 CFC-12 气体样品，在上述条件下分析，以浓度对峰面积作图，如图 3.1 所示。

由标准曲线的相关系数 R^2= 0.9962 可知，仪器满足所测物质的定量分析要求。

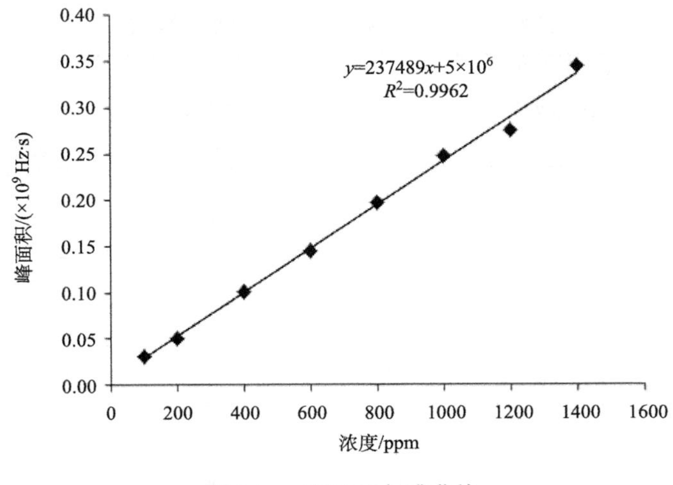

图 3.1　CFC-12 标准曲线

3.2　固体碱 MgO(CaO)/ZrO_2催化水解 HCFC-22

在前期研究基础上，本节研究了制备 MgO/ZrO_2和 CaO/ZrO_2固体碱催化剂的条件，同时研究了催化剂对 HCFC-22 的催化活性及低浓度氟利昂的催化水解工艺条件。实验结果表明，MgO/ZrO_2和 CaO/ZrO_2催化剂对催化水解低浓度 HCFC-22 具有优良的活性及选择性。

3.2.1　气体组成筛选实验结果分析

以 MgO/ZrO_2为催化剂，用量 1.00 g，在 300℃下催化水解 HCFC-22，进行正交试验。由表 3.6 的正交试验结果，可根据极差大小得出各因素对 HCFC-22 水解率的影响，顺序为：$R_A > R_B > R_D > R_C$，即这四个因素对催化剂催化效果的影响顺序为：HCFC-22 物质的量浓度＞H_2O(g)摩尔浓度＞总流速＞O_2摩尔浓度。可发现第 5 号实验 HCFC-22 水解率最高，第 6 号实验结果水解率也比较高，但是该号实验氧气的浓度较低，导致 CO 的产量相对于 5 号较高，而 CO 是污染气体，因此综合考虑，选择 5 号的条件：HCFC-22 摩尔浓度为 1.0%，H_2O(g)摩尔浓度为 25%，O_2物质的量浓度为 5%，总流速为 5 mL/min，作为催化水解氟利昂的工艺条件。

表 3.6　气体组成筛选正交试验结果分析表

试验号	A HCFC-22 物质的量浓度 /%	B H_2O(g)物质的量浓度 /%	C O_2 物质的量浓度 /%	D 总流速 /(mL/min)	HCFC-22 水解率 /%
1	0.5	10	2	5	92.56
2	0.5	25	8	10	94.31
3	0.5	40	5	15	92.09
4	1.0	10	8	15	95.93
5	1.0	25	5	5	97.68
6	1.0	40	2	10	96.71
7	1.5	10	5	10	91.83
8	1.5	25	2	15	92.46
9	1.5	40	8	5	92.16
K_1	278.96	280.32	281.73	283.62	
K_2	291.54	285.67	282.4	282.85	
K_3	276.54	280.96	282.78	280.48	
k_1	92.99	93.44	93.91	94.54	
k_2	97.18	95.22	94.13	94.28	
k_3	92.15	93.65	94.26	93.49	
R	5.73	1.78	0.35	1.05	

3.2.2　MgO/ZrO_2 制备条件结果分析

由表 3.7 的正交试验结果，可根据极差大小得出各因素对 HCFC-22 水解率的影响为：$R_A > R_B > R_C$，即这三个因素对催化剂催化效果的影响顺序为：镁锆物质的量比＞焙烧温度＞焙烧时间。可发现第 5 号实验 HCFC-22 水解率最高，此时催化剂的制备条件为：镁锆物质的量比 0.3，焙烧温度 700℃，焙烧时间 4 h。以此作为催化剂的制备条件。

表 3.7　MgO/ZrO_2 制备条件正交试验结果分析表

试验号	A 镁锆物质的量比	B 焙烧温度/℃	C 焙烧时间/h	HCFC-22 水解率/%
1	0.1	600	5	79.35
2	0.1	700	3	82.72
3	0.1	800	4	80.07
4	0.3	600	3	89.61

续表

试验号	A 镁锆物质的量比	B 焙烧温度/℃	C 焙烧时间/h	HCFC-22 水解率/%
5	0.3	700	4	98.90
6	0.3	800	5	91.44
7	0.5	600	4	77.63
8	0.5	700	5	83.20
9	0.5	800	3	69.44
K_1	245.24	246.59	253.99	
K_2	279.95	264.82	241.77	
K_3	230.27	240.95	256.6	
k_1	81.75	82.20	84.66	
k_2	93.32	88.27	80.59	
k_3	76.77	80.32	85.53	
R	16.55	7.95	4.94	

3.2.3　CaO/ZrO_2 制备条件结果分析

由表 3.8 的正交试验结果，可根据极差大小得出各因素对 HCFC-22 水解率的影响为：$R_A > R_C > R_B > R_D > R_E$，即这五个因素对催化剂催化效果的影响顺序为：浸渍液浓度＞浸渍温度＞浸渍时间＞焙烧温度＞焙烧时间。可发现第 12 号实验 HCFC-22 水解率最高，此时催化剂的制备条件为：浸渍液浓度为 0.6 mol/L，浸渍时间为 24 h，浸渍温度为 40℃，焙烧温度为 600℃，焙烧时间为 4 h。故以此条件作为催化剂的制备条件。

表 3.8　CaO/ZrO_2 制备条件正交试验结果分析表

试验号	A 浸渍液浓度 /(mol/L)	B 浸渍时间 /h	C 浸渍温度 /℃	D 焙烧温度 /℃	E 焙烧时间 /h	HCFC-22 水解率 /%
1	0.2	3	20	600	2	78.34
2	0.2	6	40	700	3	84.17
3	0.2	12	60	800	4	80.03
4	0.2	24	80	900	5	82.94
5	0.4	3	40	800	5	80.43
6	0.4	6	20	900	4	79.31
7	0.4	12	80	600	3	88.06
8	0.4	24	60	700	2	85.73

续表

试验号	A 浸渍液浓度 /(mol/L)	B 浸渍时间 /h	C 浸渍温度 /℃	D 焙烧温度 /℃	E 焙烧时间 /h	HCFC-22 水解率 /%
9	0.6	3	60	900	3	89.25
10	0.6	6	20	800	2	92.42
11	0.6	12	80	700	5	93.01
12	0.6	24	40	600	4	96.34
13	0.8	3	80	700	4	92.18
14	0.8	6	60	600	5	87.22
15	0.8	12	40	900	2	89.66
16	0.8	24	20	800	3	90.76
K_1	325.48	340.20	337.29	349.96	346.15	
K_2	333.53	343.12	350.60	355.09	352.24	
K_3	370.84	350.76	342.23	343.64	348.50	
K_4	359.82	355.77	356.19	341.16	340.60	
k_1	81.37	85.05	84.32	87.49	86.54	
k_2	83.38	85.78	87.65	88.77	88.06	
k_3	92.71	87.69	85.56	85.91	87.13	
k_4	89.96	88.94	89.05	85.29	85.15	
R	11.34	3.89	4.73	3.48	2.91	

3.2.4 ZrO_2催化水解 HCFC-22

1. 催化水解温度对 HCFC-22 水解率的影响

按 3.1.2 节的方法制备 ZrO_2 催化剂，催化水解 HCFC-22，实验条件：ZrO_2 固体催化剂用量为 1.00 g，以 170 g 石英砂为催化剂填料载体填充于石英管中。按 3.2.1 节的反应气组成进行实验。实验结果如图 3.2 所示。

由图 3.2 可知，随着催化水解温度的升高，HCFC-22 水解率逐渐增大，当温度到达 400℃时，HCFC-22 的水解率仅为 63.43%。CO 的产率理论上应该逐渐增大，但由于该反应有 O_2 参与，在比较高的温度下，CO 和 O_2 反应生成了 CO_2，故 CO 并没有逐渐增大，而是随着温度的升高，先增大，后减小。且本研究要求在中低温条件下分解氟利昂，从该方面考虑，400℃的催化水解温度未能达到目的。结果表明，ZrO_2 催化水解 HCFC-22 水解率不高，且产生了二次污染，选择性较差，未能实现氟利昂的无害化处理。

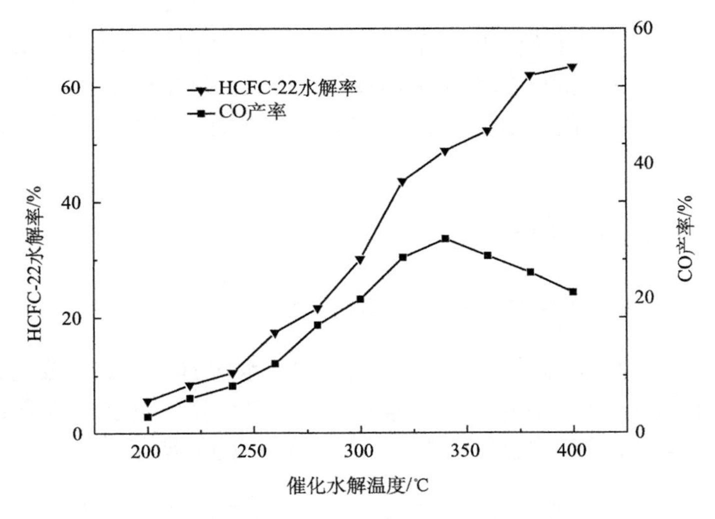

图 3.2　温度对 ZrO_2 催化 HCFC-22 水解率的影响

2. ZrO_2 寿命考查

按 3.1.2 节条件制备 ZrO_2 催化剂，催化水解 HCFC-22。反应条件为：催化剂用量为 1.00 g，以 170 g 石英砂为催化剂填料载体填充于石英管中。按 3.2.1 节的反应气组成，在 400℃条件下催化水解 HCFC-22，结果如图 3.3 所示。

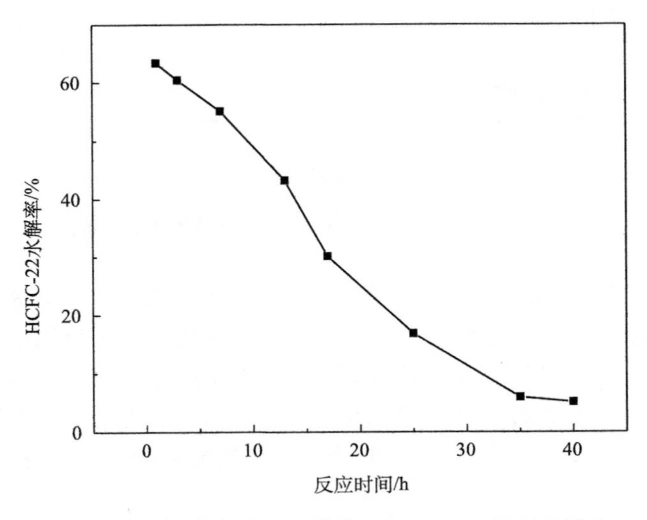

图 3.3　反应时间对 ZrO_2 催化 HCFC-22 水解率的影响

由图 3.3 可知，随着反应时间的增加，HCFC-22 水解率呈直线降低，当反应时间为 40 h 时，HCFC-22 的水解率已降至 5.08%，这是由于水解产生了 HCl 和 HF，腐蚀了催化剂。结果表明，ZrO_2 对 HCFC-22 有一定的催化效果，但稳定性较差，寿命短。

3.2.5　MgO 催化水解 HCFC-22

1. 催化水解温度对 HCFC-22 水解率的影响

按 3.1.2 节实验方法制备 MgO 催化剂，催化水解 HCFC-22，反应条件为：催化剂用量为 1.00 g，以 170 g 石英砂为催化剂填料载体填充于石英管中。按 3.2.1 节的反应气体组成，催化水解 HCFC-22，结果如图 3.4 所示。

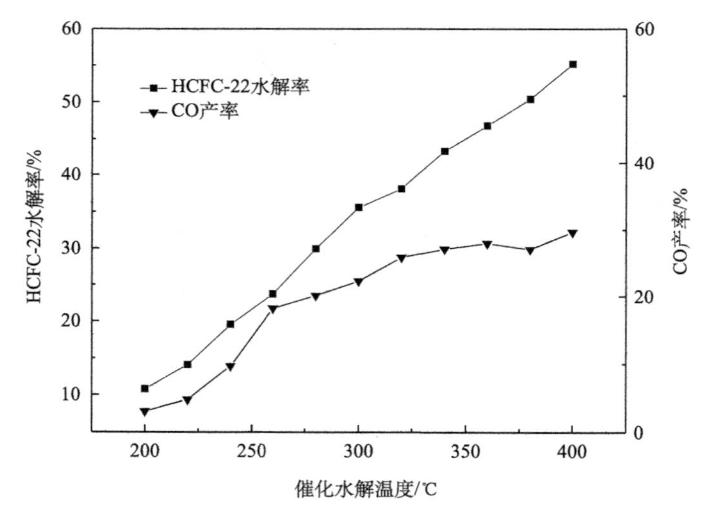

图 3.4　温度对 MgO 催化 HCFC-22 水解率的影响

由图 3.4 可知，MgO 对 HCFC-22 有一定的催化活性，随着催化水解温度的升高，水解率逐渐增大，但最大也仅为 55.18%，未能使 HCFC-22 完全分解，尾气中仍存在大量 HCFC-22，会造成环境污染。CO 产率随温度的增加而增大，但由于反应气体中加入了 O_2，在反应过程中 CO 与 O_2 生成 CO_2，但还是有较多的 CO 产生。综上所述，MgO 在催化过程中未能实现氟利昂的无害化、资源化处理。

2. MgO 寿命考查

按 3.1.2 节条件制备 MgO 催化剂，催化水解 HCFC-22，反应条件为：催化剂用量为 1.00 g，以 170 g 石英砂为催化剂填料载体填充于石英管中。按 3.2.1 节的反应气体组成，在 400℃条件下催化水解 HCFC-22，结果如图 3.5 所示。

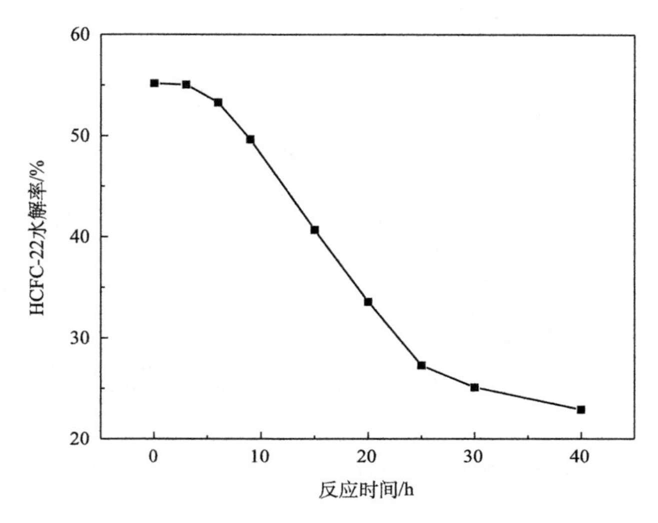

图 3.5　反应时间对 MgO 催化 HCFC-22 水解率的影响

从图 3.5 可发现，随着反应时间的增加，HCFC-22 的水解率有所下降，在连续反应 40 h 后，水解率接近 23%，几乎没有降解效果，其中一个原因是在反应过程中产生了 HCl 和 HF，腐蚀了催化剂，另一个原因是 MgO 稳定性较差，随着时间的增加，活性成分失活。结果表明，MgO 催化水解 HCFC-22，催化活性低，且寿命短。

3.2.6　CaO 催化水解 HCFC-22

1. 催化水解温度对 HCFC-22 水解率的影响

按 3.1.2 节实验方法制备 CaO 催化剂，催化水解 HCFC-22，反应条件为：催化剂用量为 1.00 g，以 170 g 石英砂为催化剂填料载体填充于石英管中。按 3.2.1 节的反应气体组成进行实验，考查了催化水解温度对 HCFC-22 水解率的影响，结果如图 3.6 所示。

由图 3.6 可知，CaO 对 HCFC-22 有一定的催化活性，随着温度的升高，HCFC-22 的水解率增大，达到 50.22%，CO 产率也增大，但反应气体中加入了 O_2，在反应过程中 CO 与 O_2 反应生成 CO_2，导致 CO 的实际产率低于理论值。而且在该反应中，水解率达到 50.22%的水解温度过高。综上所述，CaO 对 HCFC-22 有一定的催化能力，但未能使 HCFC-22 完全分解，且产生了 CO 导致二次污染。

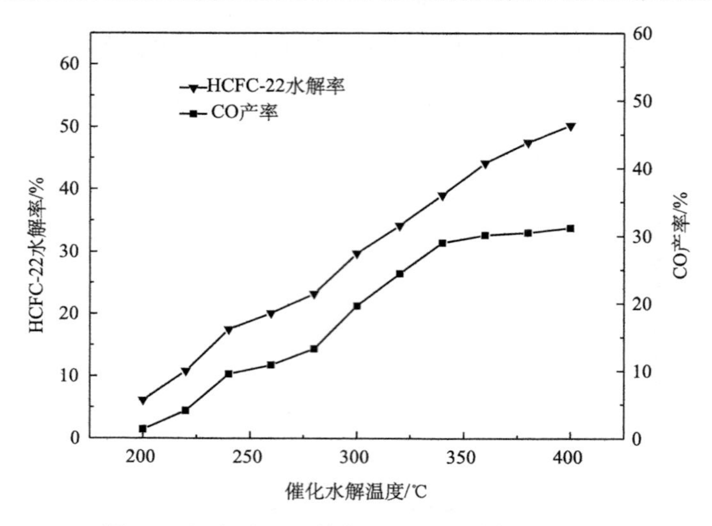

图 3.6　温度对 CaO 催化 HCFC-22 水解率的影响

2. CaO 寿命考查

按 3.1.2 节条件制备 CaO 催化剂。反应条件为：催化剂用量为 1.00 g，以 170 g 石英砂为催化剂填料载体填充于石英管中。按 3.2.1 节的反应气体组成，在 400℃ 条件下催化水解 HCFC-22，结果如图 3.7 所示。

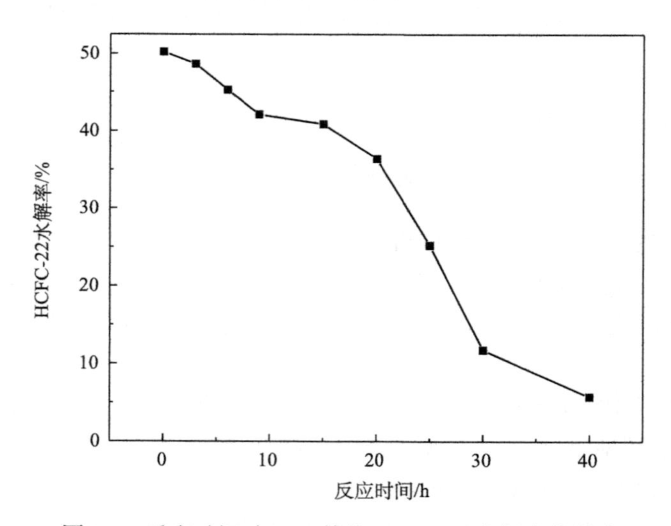

图 3.7　反应时间对 CaO 催化 HCFC-22 水解率的影响

由图 3.7 可知，随着反应时间的增加，水解率在下降，当反应时间为 40 h 时，水解率为 5.76%，这是由于 HCFC-22 分解产生的 HCl 和 HF 腐蚀了催化剂，导致催化剂活性降低，另外 CaO 易吸水，该反应有水蒸气参加，导致 CaO 吸水失活；在反应中产生 CO_2，该体系同时存在 CO_2、H_2O、CaO，会导致 CaO 生成 $CaCO_3$。综上所述，CaO 易吸水，不稳定，且催化效果较低。

3.2.7　MgO/ZrO_2 催化水解 HCFC-22

1. 催化水解温度对 HCFC-22 水解率的影响

按 3.1.2 节条件制备 MgO/ZrO_2 催化剂，催化水解 HCFC-22，用量为 1.00 g，催化剂填料载体石英砂 170 g，按 3.2.1 节的反应气体组成进行实验，考查了催化水解温度对 HCFC-22 水解率的影响，结果如图 3.8 所示。

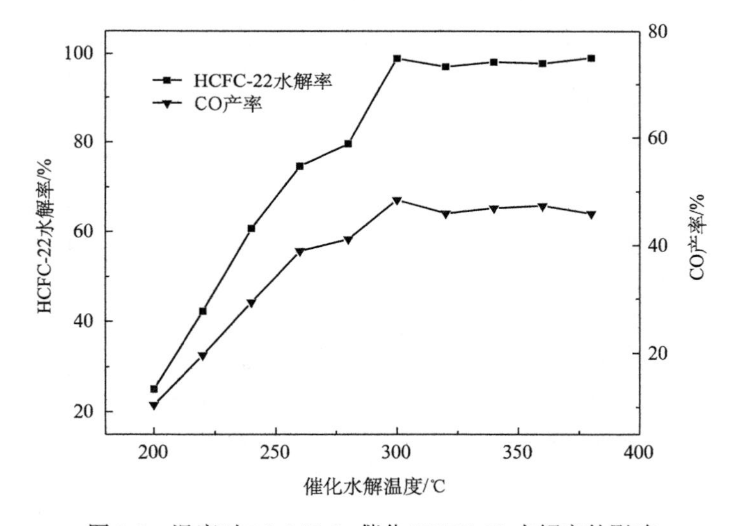

图 3.8　温度对 MgO/ZrO_2 催化 HCFC-22 水解率的影响

MgO/ZrO_2 对 HCFC-22 有较高的催化活性，基于 HCFC-22 在中低温下分解反应主要为水解反应，其反应式为

$$CHClF_2 + H_2O \longrightarrow CO + HCl + 2HF \tag{3.3}$$

由图 3.8 可知，随着催化水解温度的升高，HCFC-22 的水解率逐渐增大，这是由于 HCFC-22 的分解反应[反应(3.3)]为吸热反应，随着温度的升高，化学平衡向右移动，导致 HCFC-22 的水解率逐渐增大。当温度为 300℃，水解率为 98.90%，说明 HCFC-22 转化较为彻底。由反应(3.3)可知，理论上每消耗 1 mol HCFC-22 生产 1 mol 的 CO，但图 3.8 表明 CO 的实际产率远远少于理论值，这是由于反应(3.4)：

$$2CO + O_2 \longrightarrow 2CO_2 \tag{3.4}$$

生成了 CO_2。产物为 HCl、HF 以及 CO、CO_2。反应式中的 O_2 主要来自反应中通入的 O_2、水中的溶解氧及反应前催化反应床中的空气，综上所述，复合的 MgO/ZrO_2 催化剂催化效果比单独的 ZrO_2、MgO 都好，最佳的催化水解 HCFC-22 的水解温度为 300℃。

2. MgO/ZrO_2 寿命考查

按 3.1.2 节条件制备 MgO/ZrO_2 催化剂，催化水解 HCFC-22，用量为 1.00 g，催化剂填料载体石英砂 170 g，按 3.2.1 节的反应气体组成，在 300℃条件下催化水解 HCFC-22。反应时间对水解率的影响如图 3.9 所示。

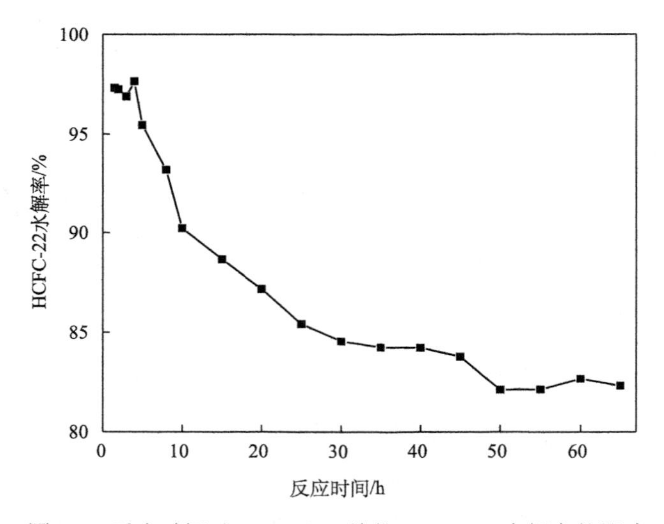

图 3.9　反应时间对 MgO/ZrO_2 催化 HCFC-22 水解率的影响

由图 3.9 可知，随着反应时间的延长，HCFC-22 水解率呈下降趋势，这是由于水解产生的 HF、HCl 腐蚀催化剂导致催化剂活性降低。当反应时间为 50 h 时，水解率为 80%以上且趋于稳定。由此可知，该催化剂具有一定的稳定性。综上所述，MgO/ZrO_2 固体碱是催化水解 HCFC-22 的良好的催化剂。

3. 产物的离子色谱分析

按 3.1.2 节条件制备 MgO/ZrO_2 催化剂，催化水解 HCFC-22，用量为 1.00 g，催化剂填料载体石英砂 170 g，按 3.2.1 节的反应气体组成进行实验，考查了产物中 Cl^- 和 F^- 随催化水解温度的变化，结果如图 3.10 所示。

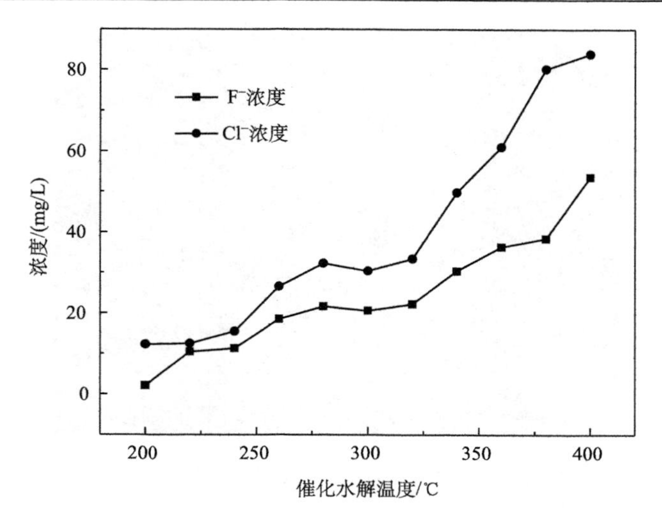

图 3.10　温度对 MgO/ZrO_2 催化 HCFC-22 产物浓度的影响

由图 3.10 可知，随着催化水解温度的升高 Cl^-和 F^-浓度升高；理论上 F^-的浓度要比 Cl^-的浓度高，但结果表明 Cl^-浓度比 F^-浓度高，这是由于催化剂在催化过程中产生的氟化现象导致氟元素进入催化剂。该结果也证明了催化降解产物为 HF、HCl。

4. *产物的 SEM 分析*

按 3.1.2 节条件制备 MgO/ZrO_2 催化剂，催化水解 HCFC-22，用量为 1.00 g，催化剂填料载体石英砂 170 g，按 3.2.1 节的反应气体组成，300℃条件下反应 15 h，产物 SEM 表征如图 3.11 所示。

由图 3.11 可知，300℃连续催化 15 h，由于分解较为彻底，产生的 HCl 和 HF 以及 CO_2 与尾气吸收液 NaOH 反应，生成了 NaCl、NaF 和 Na_2CO_3，由于生成量大而析出了晶体。由 SEM 照片可看出，该产物为无定形片状，比较薄。

5. *产物的 EDS 分析*

按 3.1.2 节条件制备 MgO/ZrO_2 催化剂，催化水解 HCFC-22，用量为 1.00 g，催化剂填料载体石英砂 170 g，按 3.2.1 节的反应气体组成，300℃条件下反应 15 h，产物 EDS 表征如图 3.12 所示。

图 3.11　MgO/ZrO_2 催化 HCFC-22 产物 SEM 照片

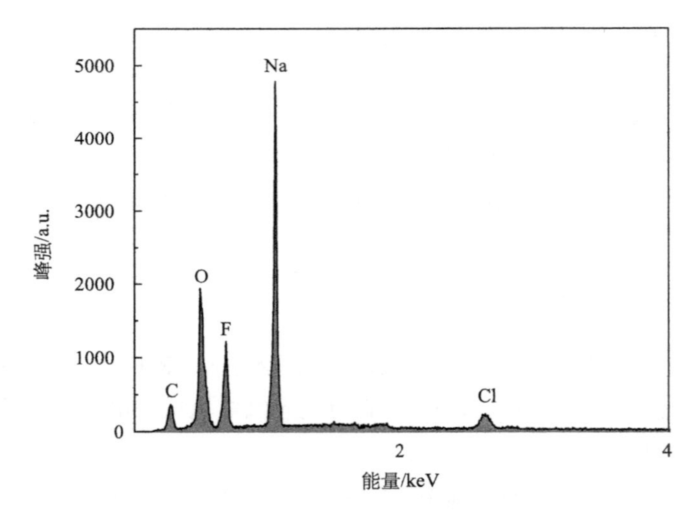

图 3.12　MgO/ZrO_2 催化 HCFC-22 产物 EDS 图

由图 3.12 可知，EDS 测试表明，产物只含有碳(C)、氧(O)、氟(F)、钠(Na)、氯(Cl)五种元素，没有其他元素存在。这更进一步说明了降解产物为 HCl、HF 以及 CO、CO_2。

3.2.8　CaO/ZrO_2 催化水解 HCFC-22

1. 催化水解温度对 HCFC-22 水解率的影响

按 3.1.2 节制备 CaO/ZrO_2 催化剂，催化水解 HCFC-22。按 3.2.1 节的反应气体组成，以 NaOH 溶液作为吸收液，催化水解 HCFC-22。结果如图 3.13 所示。

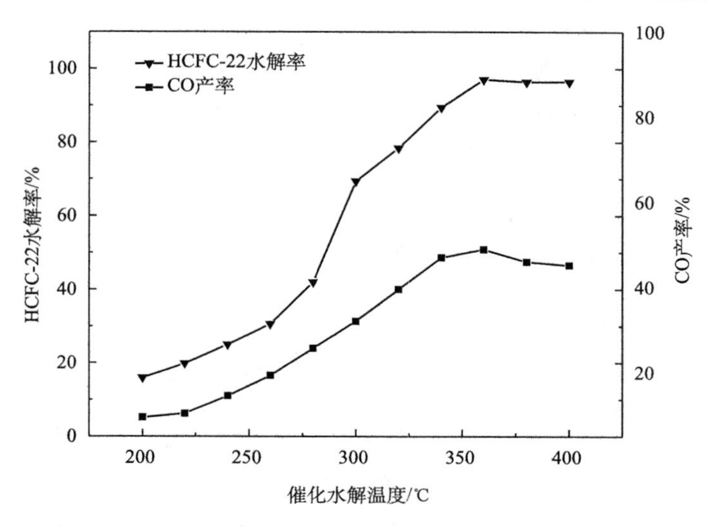

图 3.13　温度对 CaO/ZrO_2 催化 HCFC-22 的影响

由图 3.13 可知，随着温度的升高，HCFC-22 水解率和 CO 产率都在逐渐增大，当水解温度为 360℃时，水解率达到最大，为 97.09%，CO 产率也达到最大，产物为 HCl、HF 以及 CO、CO_2。相比 MgO/ZrO_2 的最佳催化温度，CaO/ZrO_2 需要更高的温度，且最高水解率也低于 MgO/ZrO_2 催化剂，这是由催化剂的结构决定的，CaO 本身比 MgO 易吸水，且 MgO/ZrO_2 催化剂呈棉花状，而 CaO/ZrO_2 呈立体结构，比表面积比 MgO/ZrO_2 小，导致与 HCFC-22 接触面积小，水解率低于 MgO/ZrO_2 催化剂。但总的来说，该催化剂也有较强的催化效果，单独的 ZrO_2、CaO 催化效果也不如复合的 CaO/ZrO_2 催化剂。综上所述，CaO/ZrO_2 催化剂也可作为催化水解 HCFC-22 的良好的催化剂。

2. CaO/ZrO_2 寿命考查

按 3.1.2 节条件制备 CaO/ZrO_2 催化剂，催化水解 HCFC-22。按 3.2.1 节的反应气体组成，以 NaOH 溶液作为吸收液进行实验，考查了 HCFC-22 水解率随时间变化，结果如图 3.14 所示。

由图 3.14 可知，随着反应时间的增加，HCFC-22 水解率有所下降，连续反应 40 h 后趋于稳定，在 60%以上，这是由于反应过程中产生的 HCl 和 HF 腐蚀了催化剂，且该反应有水蒸气参与，CaO 易吸水，导致催化活性降低。与 MgO/ZrO_2 催化剂相比，其催化能力较低，稳定性也差一点。

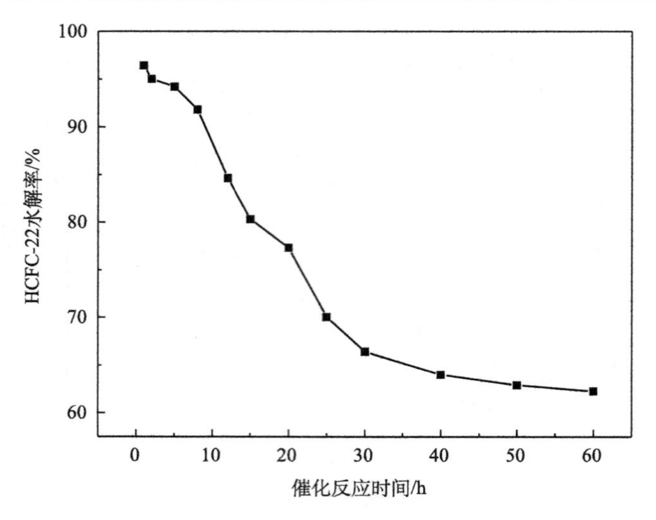

图 3.14　反应时间对 CaO/ZrO_2 催化 HCFC-22 水解率的影响

3.2.9　催化剂的形貌分析

1. X 射线衍射(XRD)分析

1) ZrO_2 的 XRD 表征

按 3.1.2 节条件制备 ZrO_2 催化剂，对该催化剂进行 XRD 表征，结果如图 3.15 所示。

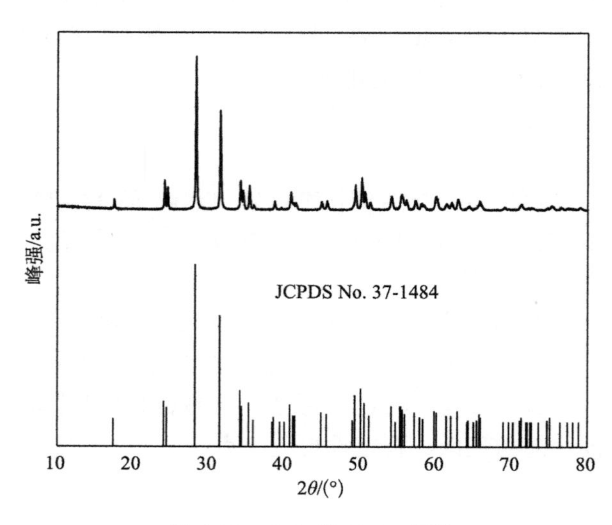

图 3.15　ZrO_2 的 XRD 图谱

由图 3.15 可以看出，所合成 ZrO_2 催化剂在 2θ 为 24.32°、28.25°、31.49°、34.39°、50.09°等处有明显的衍射峰，这是四方晶相 ZrO_2 的特征峰，该衍射峰与标准卡片 JCPDS No.37-1484(a=5.313Å，b = 5.213Å，c =5.147Å，$P2_1/a$(14)空间群)一致，无任何杂峰，说明所合成的 ZrO_2 以纯的四方晶相存在。衍射峰尖锐，说明晶型较好。

2) MgO 的 XRD 表征

按 3.1.2 节条件制备 MgO 催化剂，对该催化剂进行 XRD 表征，结果如图 3.16 所示。

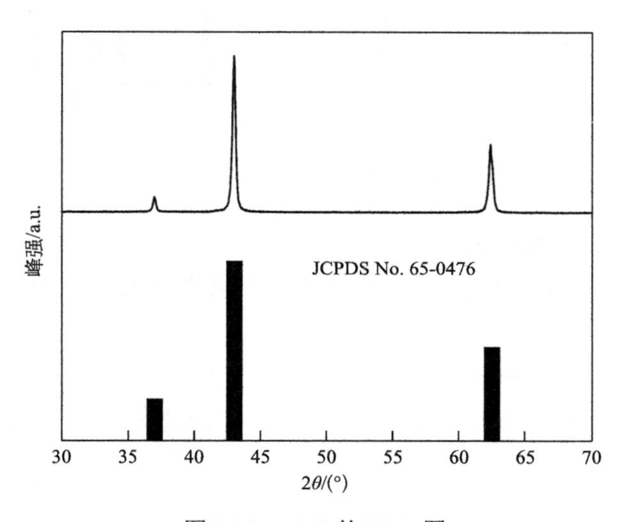

图 3.16　MgO 的 XRD 图

由图 3.16 可知，所合成 MgO 催化剂的 XRD 衍射峰与标准卡片 JCPDS No.65-0476(a=b=c=4.203Å，$Fm\overline{3}m$(225)空间群)一致，无任何杂峰，且在 2θ 为 37.07°、43.06°、62.38°处，表现出较强的特征峰，这是立方晶相 MgO 的特征衍射峰，说明所合成的 MgO 以纯的立方晶相存在。

3) CaO 的 XRD 表征

按 3.1.2 节条件制备 CaO 催化剂，对该催化剂进行 XRD 表征，结果如图 3.17 所示。

由图 3.17 可知，CaO 催化剂的 XRD 衍射峰与标准卡片 JCPDS No.48-1484 (a=b=c=4.811Å，$Fm\overline{3}m$(225)空间群)一致，且在 2θ 为 32.1°、37.38°、54.04°、64.36°、67.59°处，表现出较强的衍射峰，这是立方晶相 CaO 的特征衍射峰，其衍射峰高、尖且窄，说明该方法合成的 CaO 为纯相，晶体结构较好。

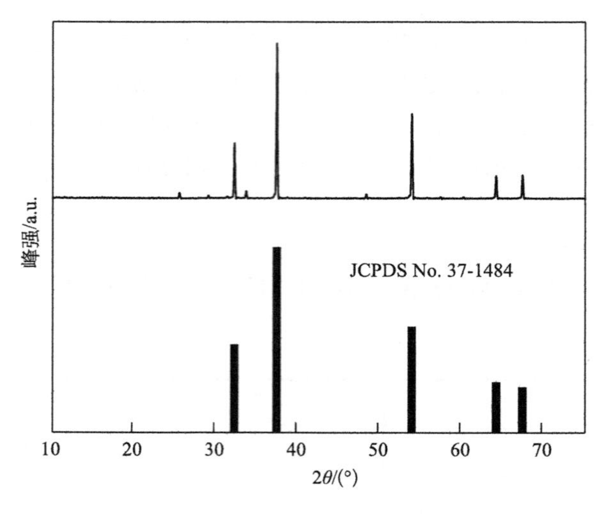

图 3.17　CaO 的 XRD 图

4) MgO/ZrO_2 的 XRD 表征

按 3.1.2 节条件制备 MgO/ZrO_2 催化剂，对其进行 XRD 表征，结果如图 3.18 所示。

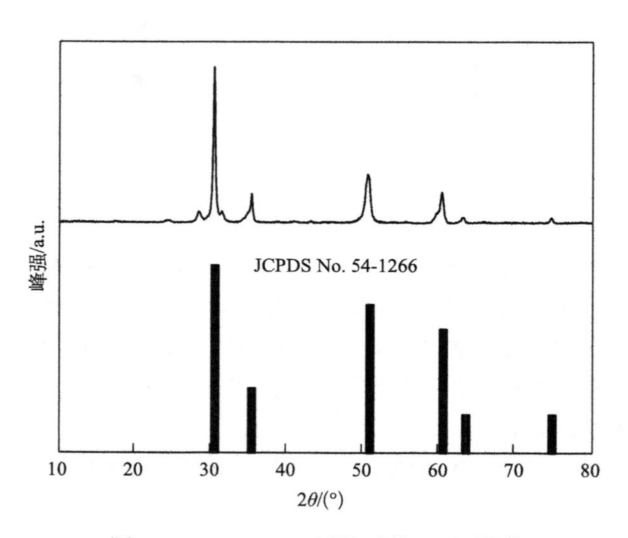

图 3.18　MgO/ZrO_2 固体碱的 XRD 图谱

由图 3.18 可知，所合成的 MgO/ZrO_2 催化剂的 XRD 衍射峰与标准卡片 JCPDS No.54-1266（$a = b = c = 5.079$ Å，$Fm\overline{3}m$（225）空间群）一致，无任何杂峰，且在 2θ 为 30.15°、35.22°、50.62°、60.25°、62.99°、74.54°处有明显的衍射峰，这是立方晶相 MgO/ZrO_2 的特征衍射峰，说明所合成的催化剂为纯相。经焙烧 MgO 分散在

四方晶相的 ZrO_2 晶格中。

5) CaO/ZrO_2 的 XRD 表征

按 3.1.2 节制备 CaO/ZrO_2 催化剂，对其进行了 XRD 表征，结果如图 3.19 所示。

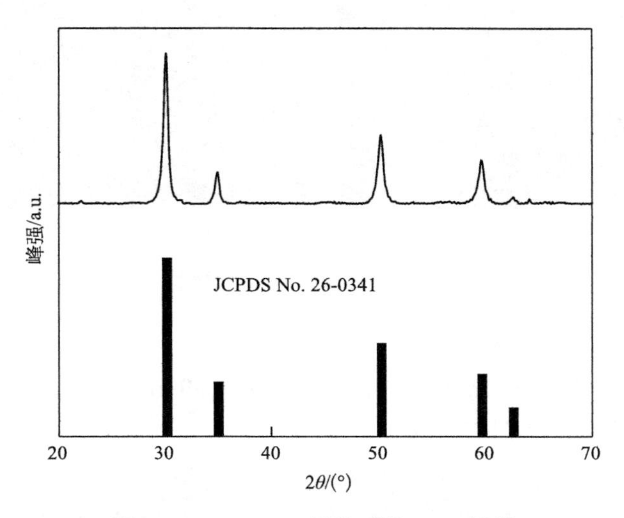

图 3.19　CaO/ZrO_2 固体碱的 XRD 图谱

由图 3.19 可以看出，该方法合成的 CaO/ZrO_2 催化剂的 XRD 衍射峰与标准卡片 JCPDS No.26-0341 ($a=b=c=5.135$Å，$Fm\overline{3}m$(225) 空间群) 一致，没有任何杂峰，且在 2θ 为 30.09°、34.80°、50.19°、59.70°、62.54°处有较强的衍射峰，这是立方晶相 CaO/ZrO_2 的特征峰，说明该方法合成的催化剂较纯。经焙烧，CaO 分散在四方晶相的 ZrO_2 晶格中，形成了一定的晶型。一般认为，晶型与催化活性成正比，催化实验也证明了这一结果，故该催化剂对 HCFC-22 有一定的催化活性。

2. 扫描电子显微镜(SEM)分析

1) ZrO_2 反应前后 SEM 表征

按 3.1.2 节条件制备 ZrO_2 催化剂，连续反应 30 h，对反应前后的催化剂进行 SEM 表征，结果如图 3.20 所示。

由图 3.20 可知，反应前催化剂有一定的形貌，轮廓较为清晰，表面有一些絮状的附着物，在催化水解 HCFC-22 后，可从图中明显发现，形貌发生了一定的改变，这可能是由于反应过程中产生的 HCl 和 HF 腐蚀了表面，结合催化实验结果可知，该催化剂稳定性较差，催化活性较低。

(a) 反应前

(b) 反应后

图 3.20　ZrO_2 反应前后 SEM 照片

2) MgO 反应前后 SEM 表征

按 3.1.2 节条件制备 MgO 催化剂，连续反应 30 h，对反应前后的催化剂进行 SEM 表征，结果如图 3.21 所示。

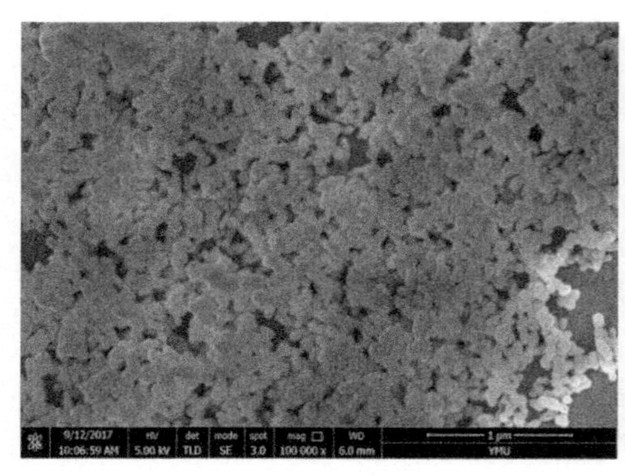

(a) 反应前

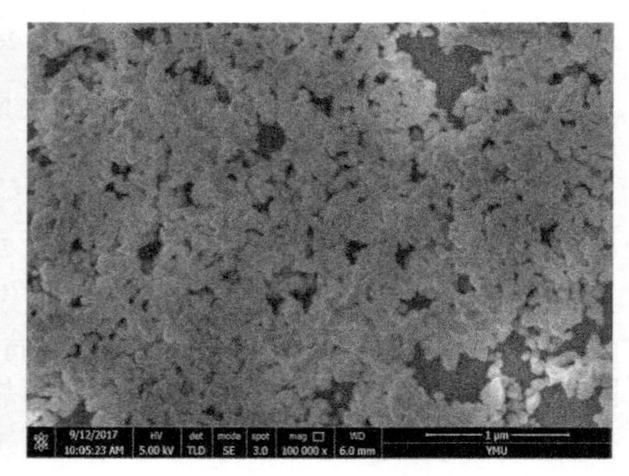

(b) 反应后

图 3.21　MgO 反应前后 SEM 照片

由图 3.21 可知，MgO 催化剂颗粒分布均匀，呈棒状，长度约为 0.1～0.2 μm，在催化 HCFC-22 反应前后形貌无明显变化。综上所述，棒状的 MgO 催化剂稳定性较好。但由于该催化剂水解率较低，不适宜作为催化水解 HCFC-22 的最佳催化剂。

3) CaO 反应前后 SEM 表征

按 3.1.2 节条件制备 CaO 催化剂。连续反应 30 h，对反应前后的催化剂进行 SEM 表征，结果如图 3.22 所示。

(a) 反应前

(b) 反应后

图 3.22　CaO 反应前后 SEM 照片

由图 3.22 可知，该催化剂为六面体，表面光滑平整，没有杂质，晶型较好，长度约为 4～5 μm，反应后，催化剂表面凹凸不平，这是由于催化剂吸了水以及反应中产生酸腐蚀。在图中还发现细小的无定形结构物质，这是回收引入的二氧化硅。综上所述，结合催化实验结果可知，MgO 催化剂催化活性较低，且稳定性差，易吸水。

4) MgO/ZrO_2 反应前后 SEM 表征

按 3.1.2 节制备 MgO/ZrO_2 催化剂，连续反应 30 h，对反应前后的催化剂进行 SEM 表征，结果如图 3.23 所示。

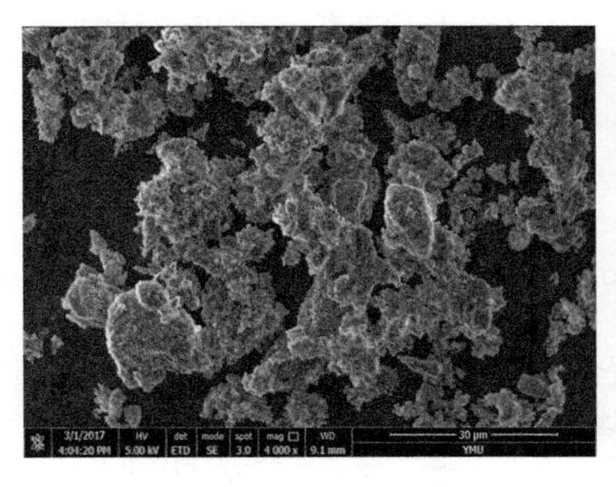

(a) 反应前

(b) 反应后

图 3.23　MgO/ZrO_2 反应前后 SEM 照片

由图 3.23 可知，该催化剂颗粒分布均匀，呈棉花状，增大了催化剂的表面积，在进行催化实验时，活性成分能与 HCFC-22 充分接触，有利于 HCFC-22 的降解。反应后，形貌有了一定的改变，从中可发现一些细小的二氧化硅颗粒，这是在回收过程引入的。综上所述，结合催化实验结果可知，MgO/ZrO_2 固体碱催化剂具有较高的催化活性，稳定性较好，寿命较长。

5) CaO/ZrO_2 反应前后 SEM 表征

按 3.1.2 节制备 CaO/ZrO_2 催化剂，连续反应 30 h，对反应前后的催化剂进行 SEM 表征，结果如图 3.24 所示。

(a) 反应前

(b) 反应后

图 3.24　CaO/ZrO_2 反应前后 SEM 照片

由图 3.24 可知，反应前，催化剂颗粒分布均匀，形貌清晰完整，长度约为 100～150 μm，晶型较好。反应后，催化剂由立方结构转变为无定形结构，形貌发生了巨变。综上所述，结合催化实验，CaO/ZrO_2 催化剂有一定的催化活性，但与 MgO/ZrO_2 相比，稳定性稍差。

3. 能谱(EDS)分析

1) ZrO_2 反应前后 EDS 表征

按 3.1.2 节条件制备 ZrO_2 催化剂。连续反应 30 h，对反应前后的催化剂进行 EDS 表征，结果如图 3.25 所示。

由反应前的 EDS 测试结果可知，所合成的 ZrO_2 催化剂只含有 O，Zr 两种元素，没有其他杂元素存在，说明催化剂比较纯，这与 XRD 的表征结果一致。此外，EDS 中没有发现 Cl 元素，这说明反应比较完全。反应后的测试结果与反应前的相比，除了 O 和 Zr 两种元素，还发现有 F 元素，说明催化剂发生了氟化。此外，还发现 Si 元素，是由于催化实验采用二氧化硅作为催化剂填料，在回收催化剂的过程中引入。上述，进一步证明了该方法合成的 ZrO_2 催化剂纯度较高。

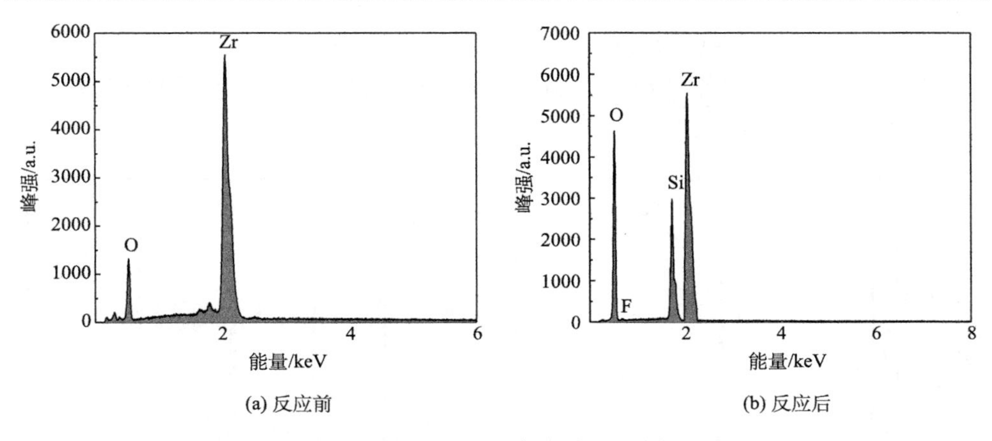

(a) 反应前　(b) 反应后

图 3.25　ZrO_2反应前后 EDS 图

2) MgO 反应前后 EDS 表征

按 3.1.2 节条件制备 MgO 催化剂，连续反应 30 h，对反应前后的催化剂进行 EDS 表征，结果如图 3.26 所示。

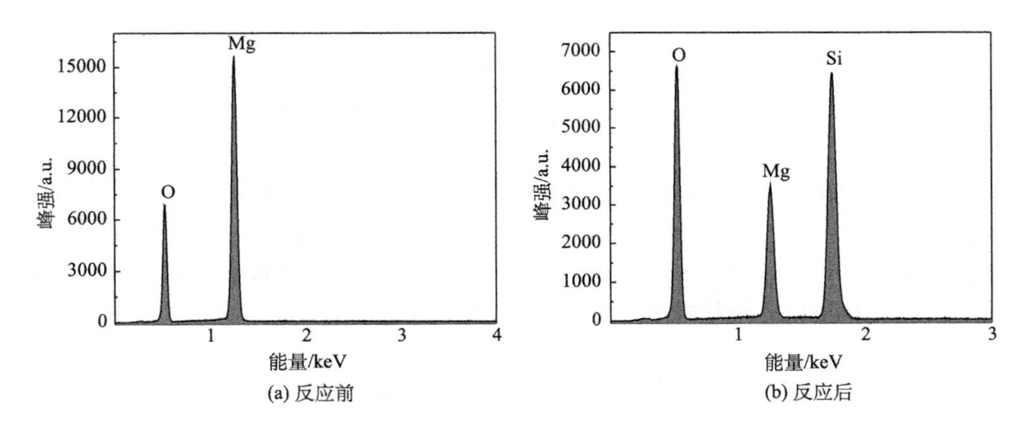

(a) 反应前　(b) 反应后

图 3.26　MgO 反应前后 EDS 图

由反应前的 EDS 测试结果可知，所合成的 MgO 催化剂只含有 O 和 Mg 两种元素，没有其他杂元素存在，说明催化剂比较纯，这与 XRD 的表征结果一致。此外，EDS 中没有发现 Cl 元素，这说明反应比较完全。反应后的测试结果与反应前的相比，除了 O、Mg 两种元素，还发现有 Si 元素，是由于催化实验采用二氧化硅作为催化剂填料，在回收催化剂的过程中引入。结合 SEM 表征结果，该结果也进一步说明了反应前后该催化剂稳定。综上所述，该方法合成的 MgO 催化剂纯度较高，且有一定的稳定性。

3) CaO 反应前后 EDS 表征

按 3.1.2 节条件制备 CaO 催化剂，连续反应 30 h，对反应前后的催化剂进行 EDS 表征，结果如图 3.27 所示。

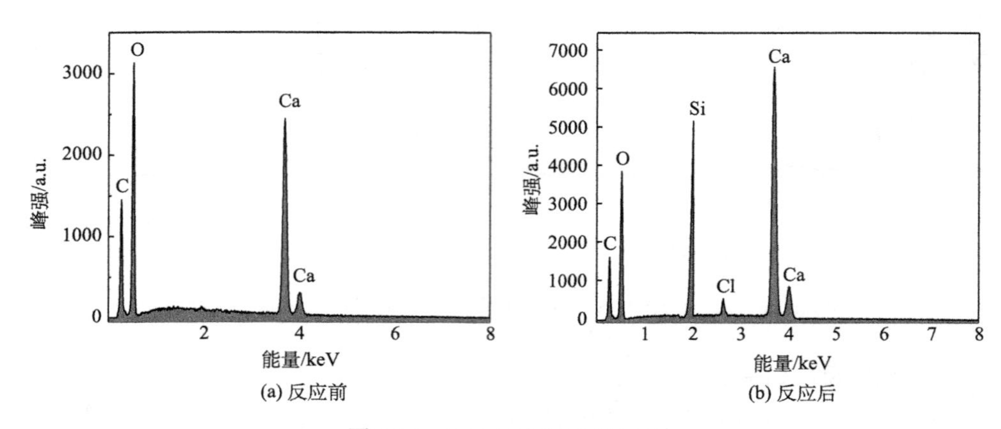

(a) 反应前　(b) 反应后

图 3.27　CaO 反应前后 EDS 图

由反应前的 EDS 测试结果可知，所合成的 CaO 催化剂含有 O，Ca 两种元素，说明该催化剂比较纯，这与 XRD 的表征结果一致。此外还存在 C 元素，该元素是由测试使用的导电胶引入的，EDS 中没有发现 Cl 元素，这说明反应比较完全，进一步验证了该催化剂为纯相。反应后的测试结果与反应前的相比，除了 O，Ca，C 三种元素，还发现有 Cl 元素和 Si 元素，Cl 元素是由于 HCFC-22 分解产生的 HCl 腐蚀催化剂引入的，而 Si 元素是由于催化实验采用 SiO_2 作为催化剂填料，在回收催化剂的过程中引入。综上所述，该方法能合成纯度较高的 CaO 催化剂，且有一定的稳定性，但稳定性与 MgO 相比稍微差一点。

4) MgO/ZrO_2 反应前后 EDS 表征

按 3.1.2 节制备 MgO/ZrO_2 催化剂，连续反应 30 h，对反应前后的催化剂进行 EDS 表征，结果如图 3.28 所示。

由反应前的 EDS 测试结果可知，所合成的 MgO/ZrO_2 催化剂，只含有 O、Mg、Zr 三种元素，没有其他杂元素存在。此外，EDS 中没有发现 Cl 元素，这说明反应比较完全。合成的催化剂较纯，与 XRD 的表征结果一致。反应后的测试结果表明，除了 O、Mg、Zr 三种元素，还发现有 F 元素、Cl、Si 和 C 元素，F、Cl 元素是由于 HCFC-22 分解产生的 HCl 腐蚀催化剂引入的，产生了一定的氟化现象，而 Si 元素是由于催化实验采用二氧化硅作为催化剂填料，在回收催化剂的过程中引入，C 元素是由测试使用的导电胶引入的。综上所述，该方法能合成纯度较高的 MgO/ZrO_2 催化剂，立方晶相结构的 MgO/ZrO_2 催化剂催化活性较高，寿命较长，且有一定的稳定性。

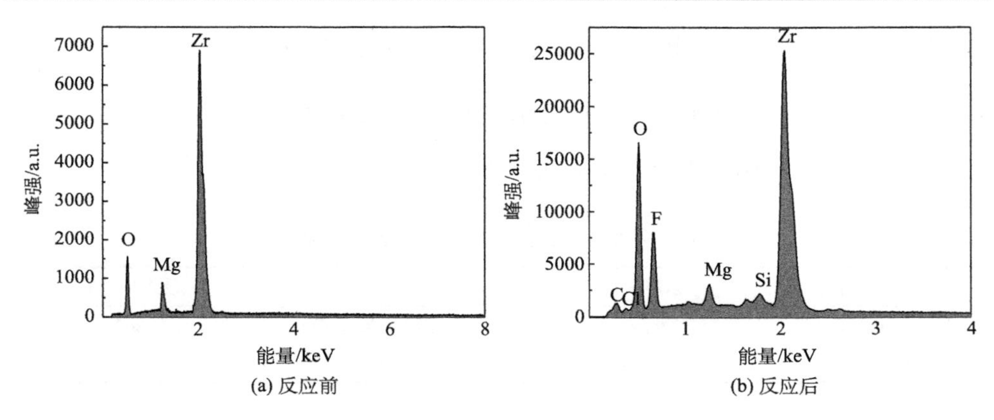

图 3.28　MgO/ZrO_2 反应前后 EDS 图

5) CaO/ZrO_2 反应前后 EDS 表征

按 3.1.2 节制备 CaO/ZrO_2 催化剂，连续反应 30 h，对反应前后的催化剂进行 EDS 表征，结果如图 3.29 所示。

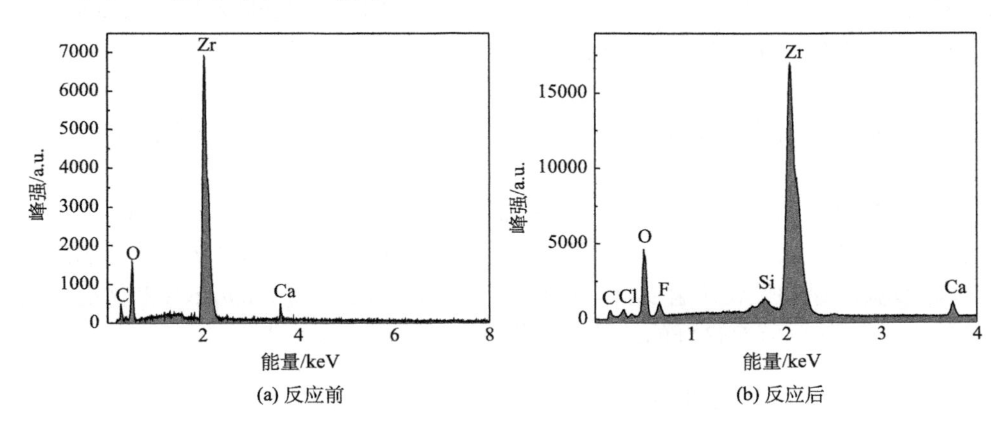

图 3.29　CaO/ZrO_2 反应前后 EDS 图

由反应前的 EDS 测试结果可知，所合成的 CaO/ZrO_2 催化剂只含有 O、Ca、Zr 和 C 元素四种元素，C 元素是由测试使用的导电胶引入的，此外没有其他杂元素存在，EDS 中没有发现 Cl 元素，这说明反应比较完全。合成的催化剂较纯，与 XRD 的表征结果一致。反应后的测试结果表明，除了含有反应前 EDS 测试的四种元素，还发现有 F 元素、Cl 元素和 Si 元素，Cl 元素是由于 HCFC-22 分解产生的 HCl 腐蚀催化剂引入的，F 元素是由于产生的氟化现象引入的，而 Si 元素是由于催化实验采用二氧化硅作为催化剂填料，在回收催化剂的过程中引入。综上所述，该方法能合成纯度较高的 CaO/ZrO_2 催化剂，立方晶相结构的 CaO/ZrO_2 催化剂催化活性较高，寿命较长，但稳定性稍弱于 MgO/ZrO_2。

3.2.10 MgO/ZrO_2 和 CaO/ZrO_2 催化水解 HCFC-22 效果比较

不同催化剂对 HCFC-22 催化效果见表 3.9。

表 3.9 不同催化剂对 HCFC-22 的催化活性

催化剂	水解率/%	主要产物	最佳温度/℃
MgO/ZrO_2	98.90	HCl、HF、CO_2、CO	300
CaO/ZrO_2	97.09	HCl、HF、CO_2、CO	360

由表 3.9 可知，MgO/ZrO_2 和 CaO/ZrO_2 催化剂催化 HCFC-22 时，其水解率相当。MgO/ZrO_2 作为催化剂时，温度为 300℃，最大水解率达到 98.90%；CaO/ZrO_2 作为催化剂时，温度为 360℃，最大水解率达到 97.09%，本实验体系有水蒸气通入，Cao 易吸水，导致了最佳温度比 MgO/ZrO_2 作为催化剂时高出 60℃；产物均为 HCl、HF、CO_2、CO，没有副产物产生。但总的来说，MgO/ZrO_2 和 CaO/ZrO_2 都适合作为催化水解 HCFC-22 的催化剂。

3.3 固体碱 MgO(CaO)/ZrO_2 催化水解 CFC-12

本节在前节的固体碱制备工艺的基础上，继续使用 MgO/ZrO_2 和 CaO/ZrO_2 固体碱催化剂催化水解 CFC-12，重点研究了 MgO/ZrO_2 和 CaO/ZrO_2 催化剂活性和低浓度氟利昂的催化水解工艺。结果表明，MgO/ZrO_2 和 CaO/ZrO_2 催化剂对低浓度 CFC-12 的分解有良好的活性和选择性。

3.3.1 ZrO_2 催化水解 CFC-12

按 3.1.2 节条件制备 ZrO_2 催化剂，催化水解 CFC-12，实验条件：ZrO_2 固体催化剂用量为 1.00 g，以 170 g 石英砂为催化剂填料载体填充于石英管中。按 3.2.1 节的反应气体组成，催化水解 CFC-12，实验结果如图 3.30 所示。

由图 3.30 可以看出，随着温度的升高，CFC-12 水解率逐渐增大，CO 产率也逐渐增大，当温度达到 500℃时，水解率仅 59.62%。CO 的产率低于理论值，这是由于该反应有 O_2 参与，在比较高的温度下，CO 和 O_2 反应生成了 CO_2 被消耗。且本研究要求中低温分解氟利昂，从该方面考虑，500℃的催化水解温度未能达到目的。综上所述，ZrO_2 催化水解 CFC-12 水解率不高，未能实现氟利昂的无害化处理。

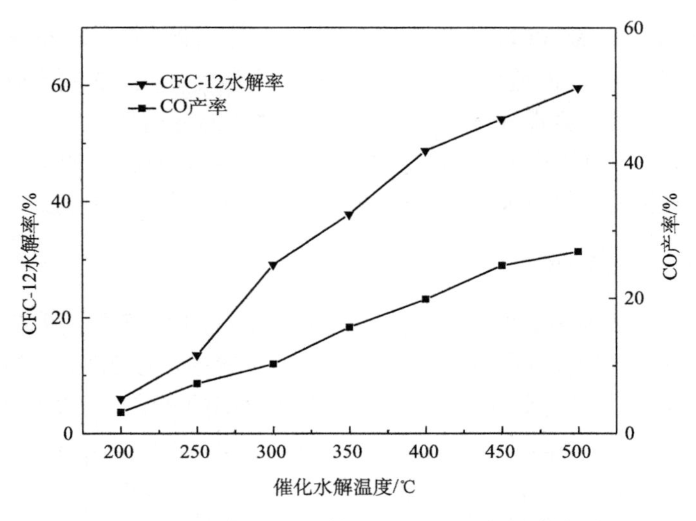

图 3.30　温度对 ZrO_2 催化 CFC-12 水解率的影响

3.3.2　MgO 催化水解 CFC-12

按 3.1.2 节条件制备 MgO 催化剂，催化水解 CFC-12，反应条件为：催化剂用量为 1.00 g，以 170 g 石英砂为催化剂填料载体填充于石英管中。按 3.2.1 节的反应气体组成，催化水解 CFC-12，结果如图 3.31 所示。

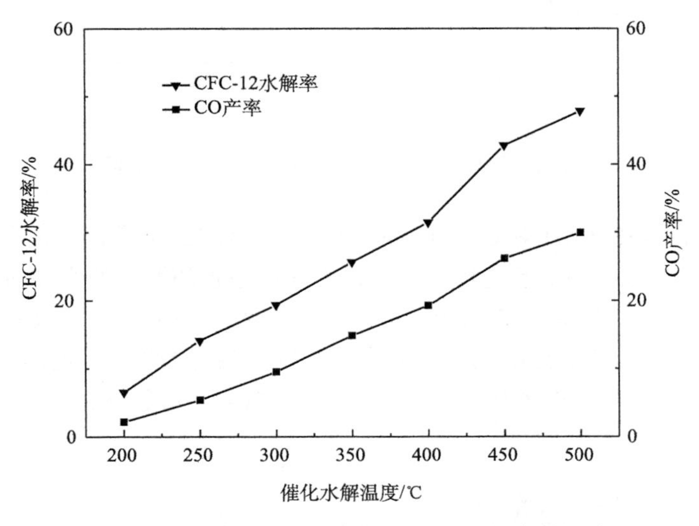

图 3.31　温度对 MgO 催化 CFC-12 水解率的影响

由图 3.31 可知，MgO 对 CFC-12 有一定的催化活性，随着催化水解温度的升高，水解率逐渐增大，但最大也仅为 47.83%，未能使 CFC-12 完全分解，尾气中仍存在大量 CFC-12，会造成环境污染。CO 产率随温度增加而增大，反应气体中加入了 O_2，在反应过程中 CO 与 O_2 生成 CO_2，但还是有较多的 CO 产生。综上所述，MgO 在催化过程中未能实现氟利昂的无害化、资源化处理。

3.3.3　CaO 催化水解 CFC-12

按 3.1.2 节条件制备 CaO 催化剂。催化水解 CFC-12，条件为催化剂用量 1.00 g，以 170 g 石英砂为催化剂填料载体填充于石英管中，按 3.2.1 节的反应气体组成进行实验，考查了催化水解温度对 CFC-12 水解率的影响，结果如图 3.32 所示。

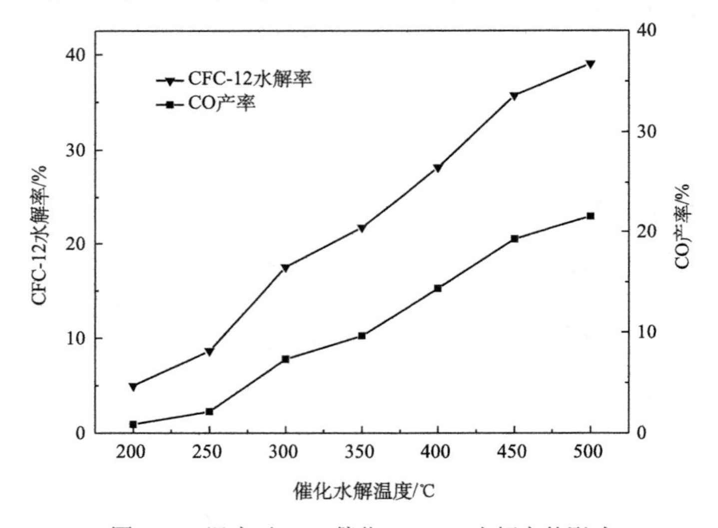

图 3.32　温度对 CaO 催化 CFC-12 水解率的影响

由图 3.32 可知，CaO 对 CFC-12 有一定的催化活性，随着温度的升高，CFC-12 的水解率增大，在 500℃下达到 39.04%，CO 产率也随温变的升高而增大，但由于反应气体中加入了 O_2，在反应过程中 CO 与 O_2 生成 CO_2，导致 CO 的实际产率低于理论值。但在该反应中，水解率达到 39.04%的水解温度过高。综上所述。CaO 对 CFC-12 有一定的催化能力，但未能使 CFC-12 完全分解，且产生的 CO 导致二次污染。

3.3.4　MgO/ZrO_2 催化水解 CFC-12

1. 催化水解温度对 CFC-12 水解率的影响

按 3.1.2 节制备 MgO/ZrO_2 催化剂，催化水解 CFC-12，用量为 1.00 g，催化

剂填料载体石英砂 170 g，按 3.2.1 节的反应气体组成进行实验，探究了催化水解温度对 CFC-12 水解率的影响，结果如图 3.33 所示。

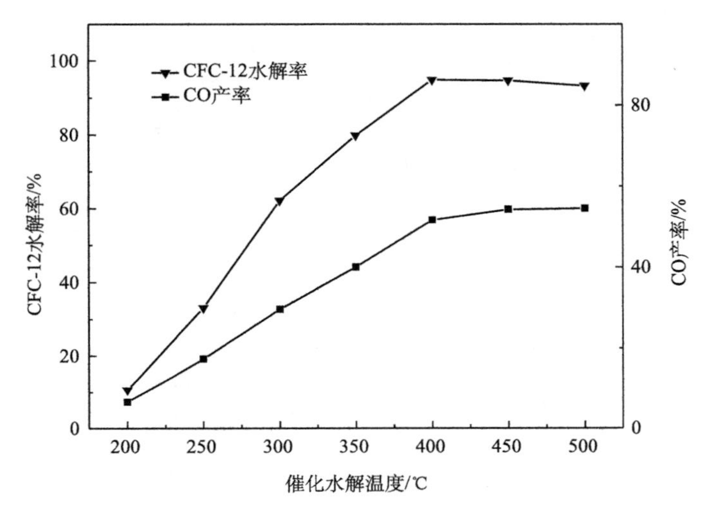

图 3.33　温度对 MgO/ZrO_2 催化 CFC-12 水解率的影响

由图 3.33 可知，随着温度的升高，CFC-12 的水解率逐渐增大，当温度达到 400℃时，达到最大，为 93.27%，这是由于 CFC-12 在中低温下的分解反应，其反应为

$$CCl_2F_2 + H_2O \longrightarrow CO + HCl + HF \tag{3.5}$$

该反应为吸热反应，随着温度的升高，化学平衡向右移动，导致 CFC-12 的水解率逐渐增大，说明 CFC-12 转化较为彻底。由反应(3.5)可知，理论上每消耗 1 mol CFC-12 生成 1 mol 的 CO，但图 3.33 表明 CO 的实际产率远远低于理论值，这是由反应(3.6)所致。

$$2CO + O_2 \longrightarrow 2CO_2 \tag{3.6}$$

反应(3.6)生成了 CO_2，导致 CO 产率降低。产物为 HCl、HF、CO 以及 CO_2。CO_2 来自反应(3.6)，反应中的 O_2 主要来自反应中通入的 O_2、水中的溶解氧及反应前催化反应床中的空气。综上所述，复合的 MgO/ZrO_2 催化剂催化效果比单独的 ZrO_2、MgO 都要好，且最佳的催化水解温度为 400℃。

2. 水蒸气浓度对 CFC-12 水解率的影响

按 3.1.2 节制备 MgO/ZrO_2 催化剂，催化水解 CFC-12，用量为 1.00 g，催化剂填料载体石英砂 170 g，按 3.2.1 节的反应气体组成，反应温度为 400℃进行实验，探究了不同浓度水蒸气对 CFC-12 水解率的影响，其结果如图 3.34 所示。

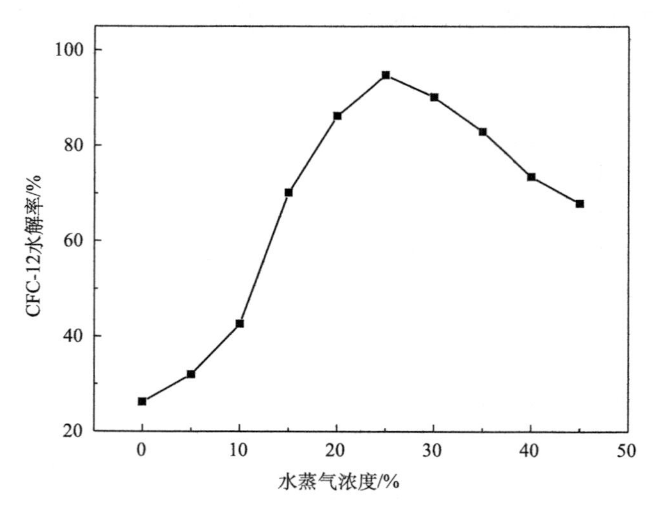

图 3.34　水蒸气浓度对 MgO/ZrO_2 催化 CFC-12 水解率的影响

由图 3.34 可知，没有水蒸气通入时，CFC-12 的水解率仅为 26.18%，这是由于 CFC-12 的分解反应为水解反应，没有水蒸气的参与，CFC-12 无法大量分解；随着水蒸气浓度的增大，水解率逐渐增大，当水蒸气浓度为 25%时，水解率达到最大，为 94.88%，这也进一步说明了 CFC-12 的分解反应为水解反应；继续增大水蒸气浓度，水解率开始下降，这是由于增大水蒸气浓度，气体总流速加快，CFC-12 与催化剂接触不充分，未来得及反应就被吹出，且大量水蒸气通入，导致催化剂吸水潮解，活性成分损失。综上所述，该反应得出的最佳水蒸气浓度为 25%，与 HCFC-22 的保持一致。

3. 总流速对 CFC-12 水解率的影响

按 3.1.2 节制备 MgO/ZrO_2 催化剂，催化水解 CFC-12，用量为 1.00 g，催化剂填料载体石英砂 170 g，按 3.2.1 节的反应气体组成，反应温度为 400℃进行实验，探究了总流速对 CFC-12 水解率的影响，其结果如图 3.35 所示。

由图 3.35 可知，总流速对 CFC-12 水解率的影响比较大。随着流速的增大，水解率呈直线下降，这主要是由于 CFC-12 的催化反应为气固相反应，增大流速，使 CFC-12 与催化剂的接触时间减少，反应不彻底。综上所述，MgO/ZrO_2 催化水解 CFC-12 的最佳总流速为 5 mL/min。

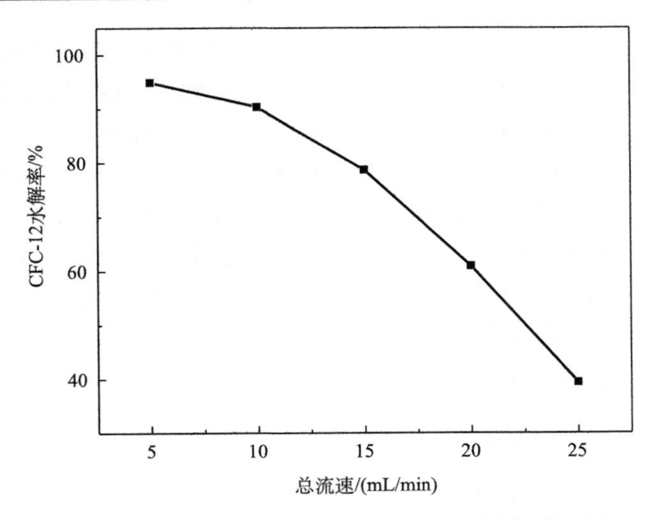

图 3.35　流速对 MgO/ZrO_2 催化 CFC-12 水解率的影响

3.3.5　CaO/ZrO_2 催化水解 CFC-12

1. 催化水解温度对 CFC-12 水解率的影响

按 3.1.2 节制备 CaO/ZrO_2 催化剂，催化水解 CFC-12。按 3.2.1 节的反应气体组成，以 NaOH 溶液作为吸收液。探究催化水解温度对 CFC-12 水解率的影响，结果如图 3.36 所示。

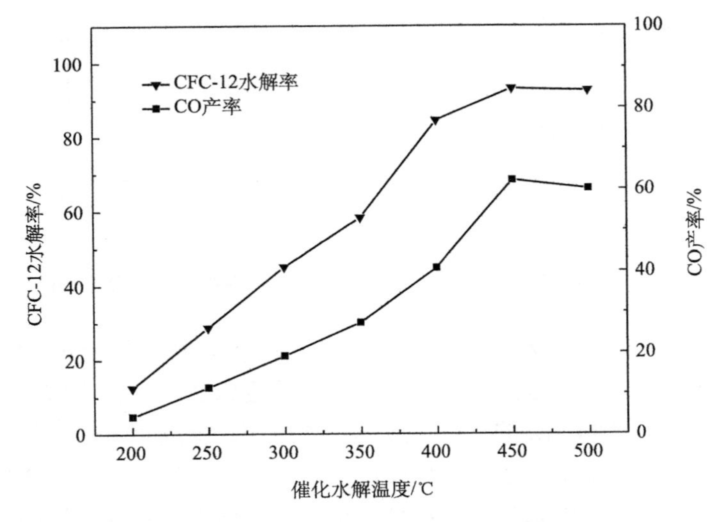

图 3.36　温度对 CaO/ZrO_2 催化 CFC-12 水解率的影响

由图 3.36 可知，随着温度的升高，CFC-12 水解率和 CO 产率都在逐渐增大，当水解温度为 450℃时，水解率达到最大，为 92.59%，CO 产率也达到最大，产物为 HCl、HF 以及 CO、CO_2。相比 MgO/ZrO_2 的最佳催化温度，CaO/ZrO_2 需要更高的温度，且最大水解率也低于 MgO/ZrO_2 催化剂，这是由催化剂的结构决定的。CaO 比 MgO 易吸水，且 MgO/ZrO_2 催化剂呈棉花状，而 CaO/ZrO_2 呈立体结构，比表面积比 MgO/ZrO_2 小，导致与 CFC-12 接触面积减小，从而使水解率低于 MgO/ZrO_2 催化剂。但总的来说，该催化剂也有较强的催化效果，单独的 ZrO_2、CaO 催化效果也不如复合的 CaO/ZrO_2 催化剂。综上所述，CaO/ZrO_2 催化剂催化水解 CFC-12 的最佳温度为 450℃。

2. 水蒸气浓度对 CFC-12 水解率的影响

按 3.1.2 节制备 CaO/ZrO_2 催化剂，催化水解 CFC-12。按 3.2.1 节的反应气体组成，反应温度为 450℃，以 NaOH 溶液作为吸收液。探究水蒸气浓度对 CFC-12 水解率的影响，结果如图 3.37 所示。

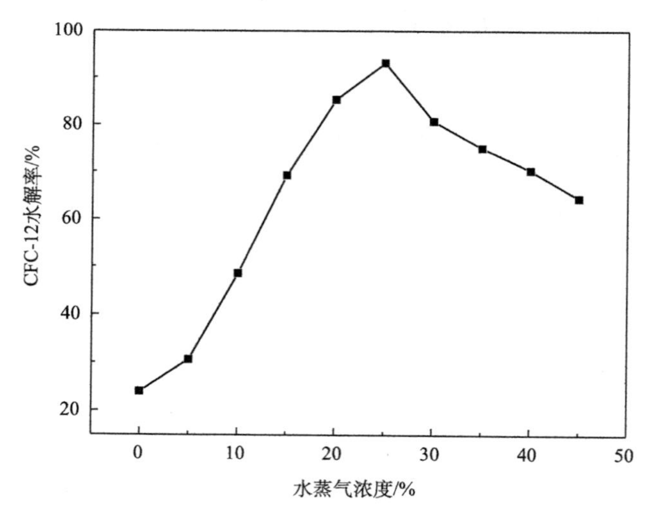

图 3.37　水蒸气浓度对 CaO/ZrO_2 催化 CFC-12 水解率的影响

由图 3.37 可知，没有水蒸气通入时，CFC-12 的水解率仅为 23.92%，随着水蒸气浓度的增大，水解率逐渐增大，当水蒸气浓度为 25%时，水解率达到最大，为 94.88%，说明了 CFC-12 的分解反应为水解反应；继续增大水蒸气浓度，水解率开始下降，这是由于增大水蒸气浓度，气体总流速加快， CFC-12 与催化剂接触不充分，未来得及反应就被吹出，且大量水蒸气通入，导致催化剂吸水，活性成分损失。综上所述，该反应得出的最佳水蒸气浓度为 25%。

3. 总流量对 CFC-12 水解率的影响

按 3.1.2 节制备 CaO/ZrO_2 催化剂，催化水解 CFC-12。按 3.2.1 节的反应气体组成，反应温度为 450℃，以 NaOH 溶液作为吸收液。探究总流速对 CFC-12 水解率的影响，结果如图 3.38 所示。

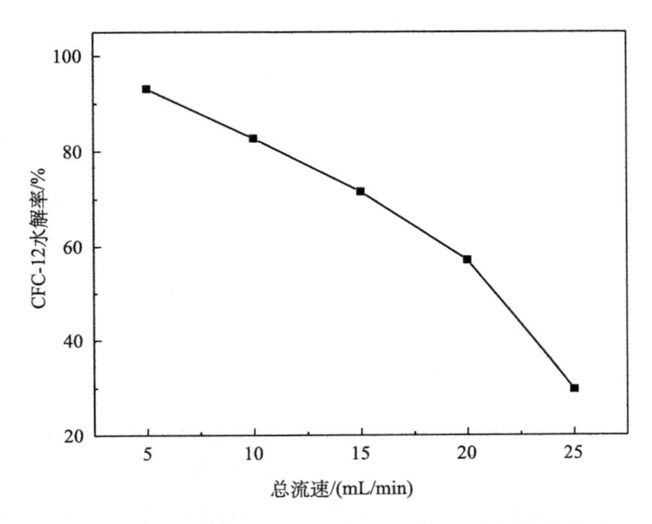

图 3.38　流速对 CaO/ZrO_2 催化 CFC-12 水解率的影响

由图 3.38 可知，总流速对 CFC-12 水解率的影响比较大，随着流速的增大，水解率逐渐下降，这主要是由于 CFC-12 的催化反应为气固相反应，增大流速，使 CFC-12 与催化剂的接触时间减少，反应不彻底。综上所述，CaO/ZrO_2 催化水解 CFC-12 的最佳总流速选择 5 mL/min。

3.3.6　MgO/ZrO_2 催化水解 HCFC-22 和 CFC-12 混合气

1. HCFC-22 和 CFC-12 比例对水解率的影响

按 3.1.2 节制备 MgO/ZrO_2 催化剂，催化水解 HCFC-22 和 CFC-12 混合气，用量为 1.00 g，催化剂填料载体石英砂 170 g，反应气体组成(%，摩尔分数)：5.0 O_2，其余为 N_2。探究不同比例的混合气对水解率的影响，结果如图 3.39 所示。

由图 3.39 可知，不同比例的混合气，总水解率均随温度的增大而增大，均在 350℃时达到最大，但发现只有 HCFC-22 和 CFC-12 物质的量比为 1∶1 时的水解率最大，为 96.32%，比例为 0.5∶1 和 1.5∶1 的水解率均未达到 90%。综上所述，当 HCFC-22 和 CFC-12 混合物水解反应时，其混合的物质的量比接近 1∶1，水解效果较好，最佳水解反应温度为 350℃。

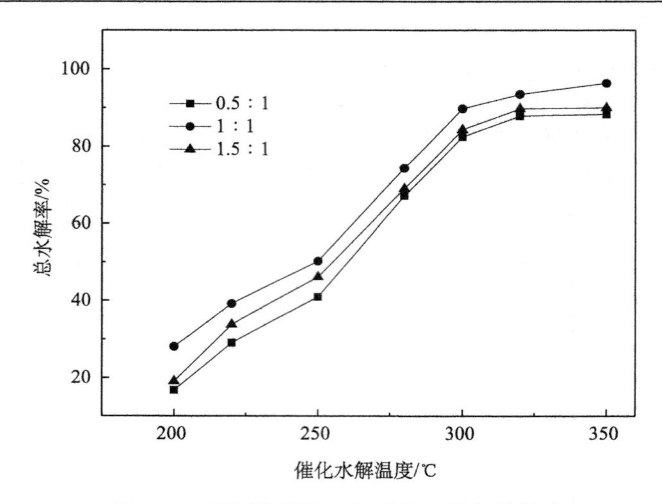

图 3.39　不同比例混合气对总水解率的影响

2. 水蒸气浓度对水解率的影响

按 3.1.2 节制备 MgO/ZrO_2 催化剂，催化水解 HCFC-22 和 CFC-12 混合气，用量为 1.00 g，催化剂填料载体石英砂 170 g，反应气体组成(%，摩尔分数)：5.0% O_2，其余为 N_2。HCFC-22 和 CFC-12 物质的量比为 1∶1。温度为 350℃。探究水蒸气浓度对水解率的影响，结果如图 3.40 所示。

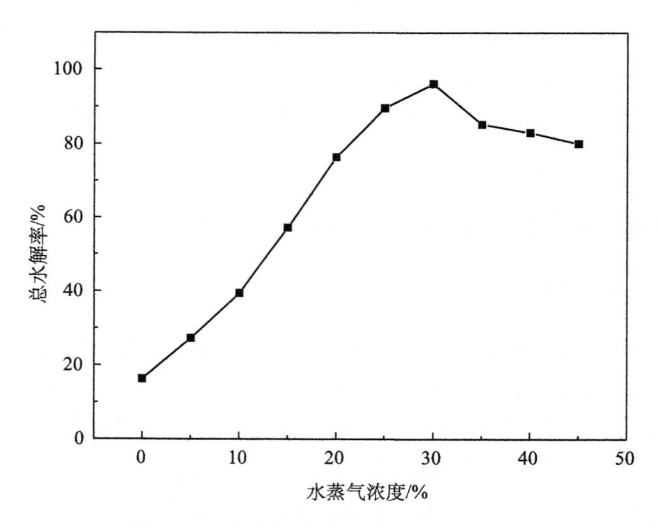

图 3.40　水蒸气浓度对总水解率的影响

由图 3.40 可知，在没有水蒸气通入时，水解率很低，为 16.18%，当水蒸气浓度增大，水解率增大，当水蒸气浓度为 30%，水解率为 96.18%，继续增大水蒸气浓度，水解率开始下降。综上所述，当 HCFC-22 和 CFC-12 物质的量比为 1∶1 时，最佳的水蒸气浓度为 30%。

3.3.7　CaO/ZrO_2催化水解 HCFC-22 和 CFC-12 混合气

按 3.1.2 节制备 CaO/ZrO_2催化剂，催化水解 HCFC-22 和 CFC-12 混合气。气体组成(%，摩尔分数)：5.0 O_2，30 H_2O(g)，其余为 N_2。HCFC-22 和 CFC-12 物质的量比为 1∶1。以 NaOH 溶液作为吸收液，催化水解 HCFC-22 和 CFC-12 混合气。结果如图 3.41 所示。

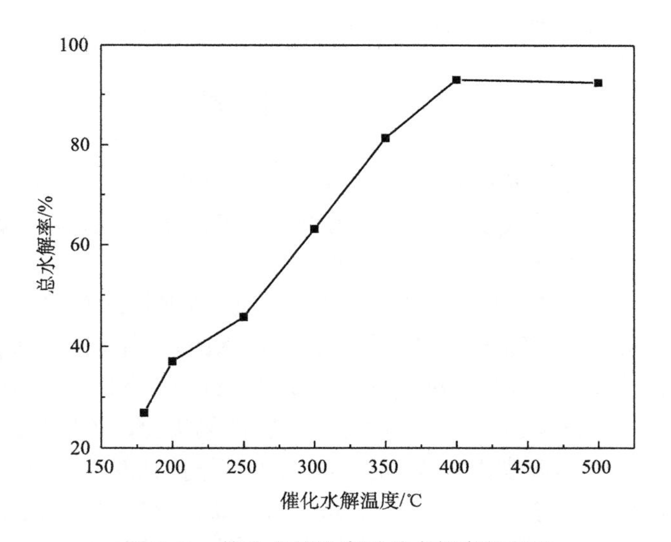

图 3.41　催化水解温度对总水解率的影响

由图 3.41 可知，随着温度的升高，水解率逐渐增大，当温度为 400℃时，水解率达到最大，为 93.07%。结果表明，当 HCFC-22 和 CFC-12 物质的量比为 1∶1，使用 CaO/ZrO_2催化剂时，最佳反应温度为 400℃。

3.4　MgO/ZrO_2和 CaO/ZrO_2对 CFC-12 催化效果的比较

不同催化剂对 CFC-12 催化效果见表 3.10。

表 3.10　不同催化剂对 CFC-12 的催化活性

催化剂	水解率/%	主要产物	最佳温度/℃
MgO/ZrO_2	93.27	HCl、HF、CO_2、CO	400
CaO/ZrO_2	92.59	HCl、HF、CO_2、CO	450

由表 3.10 可知，MgO/ZrO_2 和 CaO/ZrO_2 催化剂催化 CFC-12 时，其水解率相当。MgO/ZrO_2 作为催化剂时，温度为 400℃，最大水解率达到 93.27%；CaO/ZrO_2 作为催化剂时，温度为 450℃，最大水解率达到 92.59%，本实验体系有水蒸气通入，氧化钙易吸水，导致了最佳温度比 MgO/ZrO_2 作为催化剂时高出 50℃；产物均为 HCl、HF、CO_2、CO，没有副产物产生。但总的来说，MgO/ZrO_2 和 CaO/ZrO_2 都适合作为催化水解 CFC-12 的催化剂。

3.5　本章小结

(1) 由催化水解正交试验结果得出，最佳催化水解条件为：HCFC-22 摩尔浓度为 1.0%，H_2O(g) 摩尔浓度为 25%，O_2 摩尔浓度为 5%，总流速为 5 mL/min。此条件下反应，HCFC-22 水解率接近 100%。

(2) MgO/ZrO_2 催化剂的最佳制备条件为：镁锆物质的量比 0.3，焙烧温度 700℃，焙烧时间 4 h，该条件制备的催化剂，经 XRD 测试表明，MgO/ZrO_2 催化剂为立方晶相结构，经焙烧，MgO 高度分散在 ZrO_2 中。SEM 测试表明，该催化剂为棉花状，比表面积较大。在条件(1)下进行催化实验，该催化剂对 HCFC-22 有较高的催化活性，当温度为 300℃时，水解率达到了 98.90%。产物为 HCl、HF、CO 以及 CO_2，对产物进行离子色谱、SEM 以及 EDS 分析也证明了这一结论。本章还研究了 ZrO_2、MgO 对 HCFC-22 水解率的影响，结果表明，单成分的催化剂其催化活性远远低于复合的催化剂。MgO/ZrO_2 催化剂连续反应 65 h 后，对 HCFC-22 水解率仍保持在 80%以上，稳定性也远远高于单一成分的催化剂。

(3) CaO/ZrO_2 催化剂的最佳制备条件为：浸渍液浓度为 0.6 mol/L，浸渍时间为 24 h，浸渍温度为 40℃，焙烧温度为 600℃，焙烧时间为 4 h。该条件制备的催化剂，XRD 测试表明，CaO/ZrO_2 催化剂为立方晶相结构，焙烧后，形成了一种固溶体。在条件(1)下进行催化实验，该催化剂对 HCFC-22 有一定的催化活性，当水解温度为 360℃时，水解率达到最大，为 97.09%，与 MgO/ZrO_2 相当，但温度高于 MgO/ZrO_2。本章还研究了 ZrO_2、CaO 对 HCFC-22 水解率的影响，结果表明，单成分的催化剂其催化活性远远低于复合的催化剂。CaO/ZrO_2 催化剂连续反应 60 h 后，对 HCFC-22 水解率仍保持在 60%以上，稳定性也远远高于单一成分的催化剂。但 CaO/ZrO_2 催化剂的稳定性与 MgO/ZrO_2 相比要差一些。

(4) 本章所用的 ZrO_2、MgO、CaO、MgO/ZrO_2、CaO/ZrO_2 经 XRD、EDS 表征，结果表明，这一系列的催化剂均为纯相，除了 ZrO_2 为四方晶相结构，其他催化剂均为立方晶相结构。

(5) 立方晶相 MgO/ZrO_2 固体碱催化剂，催化水解 CFC-12，当温度为 400℃时，水解率达到最大，为 93.27%，产物为 HCl、HF、CO 以及 CO_2，CFC-12 和 HCFC-22 在稳定性方面相比，CFC-12 比 HCFC-22 要稳定得多，导致相同条件下催化水解这两种物质，CFC-12 水解率要比 HCFC-22 低，且达到最大水解率的温度比 HCFC-22 高。

(6) 立方晶相 CaO/ZrO_2 的催化剂，催化水解 CFC-12，当水解温度为 450℃时，最大水解率达到 92.59%，再一次验证了，由于 CFC-12 稳定性高于 HCFC-22，相同条件下催化水解两种物质，CFC-12 水解率低于 HCFC-22，且达到最大水解率时 CFC-12 需要更高的温度。

(7) 本章还讨论了水蒸气浓度以及总流速对 CFC-12 水解率的影响，水蒸气浓度过低或者过高，对水解率的影响都比较明显，再一次验证了 CFC-12 的分解反应为水解反应。流速对于该催化反应是一个比较重要的因素，流速能决定 CFC-12 与催化剂接触的时间以及面积，过快的流速会导致 CFC-12 和催化剂接触时间变短，间接导致接触面积减小，水解率降低。

(8) 立方晶相结构的 MgO/ZrO_2 催化剂催化水解 HCFC-22 和 CFC-12 混合气体时，选择了三个比例[n(HCFC-22)：n(CFC-12)=0.5∶1、1∶1、1.5∶1]，其中比例为 1∶1 时的混合气的水解率达到 96.32%，另外两个比例的混合气，水解率不到 90%。

(9) 本实验条件下，MgO/ZrO_2 催化剂催化水解 HCFC-22 和 CFC-12 混合气体的最佳工艺条件为：HCFC-22 和 CFC-12 物质的量比为 1∶1，5.0%(摩尔分数) O_2，30%(摩尔分数) H_2O(g)，其余为 N_2。

(10) 立方晶相的 CaO/ZrO_2 催化 HCFC-22 和 CFC-12 物质的量比为 1∶1 的混合气时，CaO/ZrO_2 催化剂表现了较好的催化活性，当温度为 400℃，最大水解率为 93.07%。与 MgO/ZrO_2 相比，其催化活性稍弱。

第4章　MoO_3-MgO/ZrO_2催化水解 HCFC-22和CFC-12

4.1　实验仪器及方法

4.1.1　实验仪器及试剂

实验所需主要仪器及试剂见表4.1和表4.2。

表4.1　主要仪器

仪器名称	型号	生产厂家
气相色谱与质谱联用仪	ThermoFisher (ISQ)	赛默飞世尔科技(中国)有限公司
色谱柱	260B142P	赛默飞世尔科技(中国)有限公司
管式炉	SK-G05123	天津市中环实验电炉有限公司
质量流量计	D08-19B	北京七星华创精密电子科技有限责任公司
质量流量显示仪	D07-4F	北京七星华创精密电子科技有限责任公司
电热套	SZCL-2	巩仪市予华仪器有限责任公司
电子天平	STARTER 2100/3C pro	奥豪斯仪器(上海)有限公司
石英管	Φ3.5 mm×70 cm	自制
气体采样袋	0.2 L	上海毅畅实业有限公司

表4.2　主要试剂

试剂名称	等级	生产厂家
$CHClF_2$	—	浙江巨化股份有限公司
CCl_2F_2	—	襄阳金莱尔制冷化工有限公司
N_2	99.99%	昆明梅塞尔气体产品有限公司
O_2	99.5%	昆明梅塞尔气体产品有限公司
$ZrOCl_2 \cdot 8H_2O$	AR	国药集团化学试剂有限公司
$MgCl_2 \cdot 6H_2O$	AR	天津市风船化学试剂科技有限公司
$(NH_4)_6Mo_7O_{24} \cdot 4H_2O$	AR	天津市化学试剂四厂凯达化工厂
氨水	25%	天津市风船化学试剂科技有限公司
NaOH	AR	天津市风船化学试剂科技有限公司
石英砂	AR	天津市风船化学试剂科技有限公司

4.1.2　实验方法

1. 催化剂的制备

1) MgO/ZrO_2 的制备

准确称量 1.2000 g $MgCl_2·6H_2O$ 和 6.5000 g $ZrOCl_2·8H_2O$，溶于 175 mL 蒸馏水中，搅拌条件下滴加氨水，调节 pH 至 9～10，将制得的混合沉淀物充分搅拌 4 h 后，陈化 24 h，用蒸馏水洗涤除去 Cl^-，干燥后，在马弗炉中以 500℃焙烧 3 h，研磨，即制得 MgO/ZrO_2 固体碱催化剂[118-120]。

2) MoO_3/ZrO_2 的制备

准确称量 6.5000 g $ZrOCl_2·8H_2O$ 溶于 175 mL 蒸馏水中，搅拌条件下滴加氨水，调节 pH 至 9～10，将制得的沉淀物充分搅拌 4 h 后，陈化 24 h，再用蒸馏水洗涤除去 Cl^-，干燥，研磨，并置于浓度为 0.25 mol/L 的钼酸铵溶液中，于 60℃搅拌条件下浸渍 6 h，抽滤烘干，在马弗炉中以 500℃焙烧 3 h，研磨，即制得 MoO_3/ZrO_2 固体酸催化剂[121]。

3) MoO_3-MgO/ZrO_2 的制备

准确称量 1.2198 g $MgCl_2·6H_2O$ 和 6.4450 g $ZrOCl_2·8H_2O$（镁锆物质的量比 3∶10），溶于 175 mL 蒸馏水中，搅拌下加入氨水，调节 pH 值到 9～10，将制备的混合沉淀物充分搅拌 4 h，陈化 24 h，然后用蒸馏水洗涤除去 Cl^-，干燥，研磨，在搅拌条件下浸渍于 100 mL 钼酸铵溶液，抽滤，干燥，在马弗炉中焙烧，再次研磨，即制得 MoO_3-MgO/ZrO_2 复合催化剂。催化剂制备流程如图 2.6 所示。

2. 催化剂制备条件筛选实验

根据文献可知，有许多条件会影响催化剂的性能，如沉淀条件、浸渍浓度、浸渍时间、浸渍温度、焙烧时间、焙烧温度等。因此，先选取浸渍时间和浸渍温度做单因素实验筛选实验条件范围，见表 4.3 和表 4.4。

表 4.3　因素水平表一

试验号	A 浸渍温度 /℃	B 浸渍浓度 /(mol/L)	C 浸渍时间 /h	D 焙烧温度 /℃	E 焙烧时间 /h
1	60	0.25	6	500	3
2	60	0.25	12	500	3
3	60	0.25	24	500	3

表 4.4　因素水平表二

试验号	A 浸渍温度 /℃	B 浸渍浓度 /(mol/L)	C 浸渍时间 /h	D 焙烧温度 /℃	E 焙烧时间 /h
1	20	0.25	6	500	3
2	40	0.25	6	500	3
3	60	0.25	6	500	3
4	80	0.25	6	500	3

4.1.3　催化剂的表征

1. 扫描电子显微镜(SEM)表征

取一定量催化剂粉末样品平铺于样品台导电胶表面、烘干。采用美国 FEI 公司生产的 NOVA NANOSEM-450 扫描电子显微镜进行表征。通过扫描电子显微镜观察样品表面形貌特征。

2. 能谱分析(EDS)表征

取一定量催化剂粉末样品平铺于样品台导电胶表面、烘干。采用美国 FEI 公司生产的 NOVA NANOSEM-450 能谱分析仪进行分析。通过能谱分析仪分析催化剂元素组成。

3. X 射线衍射(XRD)表征

催化剂的晶体内部的原子排列状况、物相定性与定量分析、晶格形状、衍射图的指标化和晶格畸变等采用德国生产的 Bruker D8 Advance 型 X 射线衍射仪进行表征分析。测试条件为：Cu 靶，K_α 辐射源，2θ 范围为 10°～80°，扫描速率为 12°/min，步长为 0.01°/s，工作电压和工作电流分别为 40 kV、40 mA，λ=0.154178 nm。

4. 比表面积(BET)表征

催化剂的孔径结构和比表面积用日本 Belsorp-max Ⅱ(第二代全自动比表面、微孔和介孔孔隙分析仪)表征。分析条件为：将 100 mg 催化剂样品在 150℃下真空脱气 4 h，并在 70 K 的温度下进行 N_2 吸附和脱附。

5. X 射线荧光光谱(XRF)分析

采用岛津荧光分析仪 EDX-8000 定量分析催化剂。称取适量的催化剂样品，使样品完全覆盖光谱仪测量窗口，厚度大约 1 mm，分析时间约 5 min。

6. 表面酸度分析(NH_3-TPD)

采用自制的 NH_3 程序升温脱附仪对催化剂进行表征分析。将 100 mg 样品填入 U 形石英管中，以流速 20 mL/min 通入 N_2，在 300℃条件下吹扫 1 h，在降至 50℃后，通入 NH_3 吸附 40 min 至饱和，切换 N_2(20 mL/min)待记录基线平稳后，以 8℃/min 的速率由室温升温至 700℃。记录 TPD 谱图。

4.1.4　催化反应装置

具体工艺为：MoO_3-MgO/ZrO_2 复合催化剂用量 1.00 g，石英管内填充 175 g 石英砂作为催化剂载体。以 1%浓度的 CFC-12 和 HCFC-22 进行反应，用 NaOH 溶液作为吸收液。考查催化剂对水解 CFCs 水解率的影响。待反应进行 2 h 后开始采样，利用气相色谱质谱联用仪(ThermoFisher GC/MS)分析氟利昂的水解产物，并计算氟利昂的水解率。流程图如图 2.1 所示。

4.1.5　水蒸气流量计算

加热装置使用电加热套来制取水蒸气。其装置如图 2.2 所示。

首先，对玻璃砂尾气吸收瓶进行清洗干燥，加水后称重，记为 m_2，进行催化水解反应，反应时间记为 t，停止反应后，将剩余水的吸收瓶称重，记为 m_3，计算水蒸气流速。

4.1.6　气体组成

反应气体流速为 10 mL/min，气体组成为(%，摩尔分数)：HCFC-22(CFC-12) 1.0，H_2O(g) 30.0，O_2 5.0，其余为 N_2。

4.1.7　分析检测方法

1. 检测方法

采用 GC/MS 对样品进行定量和定性分析。仪器使用由美国赛默飞世尔科技(中国)有限公司制造的 ThermoFisher(ISQ)，色谱柱为赛默飞世尔科技(中国)有限公司生产的毛细管柱(100%二甲基聚硅氧烷)，型号 260B142P。检测条件为：进样口温度 80℃，柱温 35℃，保留时间 2 min，使用高纯度 He 作为载气，恒流模式下载气流速 1.00 mL/min，分流比 140∶1。质谱检测器 EI 源 260℃，离子传输杆温度 280℃，进样量 0.1 mL。用此方法对样品进行定性与定量分析，以 CFCs 的水解率和 CO_2 产率来评价其催化水解的效果。计算如式(4.1)和式(4.2)所示。

$$\text{CFCs水解率} = \frac{\text{CFCs入口峰面积} - \text{CFCs出口峰面积}}{\text{CFCs入口峰面积}} \times 100\% \tag{4.1}$$

$$CO_2\text{产率} = \frac{CO_2\text{出口峰面积}}{\text{CFCs入口峰面积} - \text{CFCs出口峰面积}} \times 100\% \tag{4.2}$$

2. 标准曲线

HCFC-22 和 CFC-12 标准曲线分别如图 2.5 和图 3.1 所示。仪器满足所测物质的定量分析要求。

4.2　固体催化剂 MoO_3-MgO/ZrO_2 催化水解 HCFC-22

本节主要研究了 MoO_3-MgO/ZrO_2 催化剂的制备条件，以及催化剂对 HCFC-22 的催化水解活性。实验结果表明，MoO_3-MgO/ZrO_2 催化剂对催化水解低浓度的 HCFC-22 有良好的催化活性和选择性。

4.2.1　MgO/ZrO_2 催化水解 HCFC-22 实验

按 4.1.2 节的方法制备 MgO/ZrO_2 催化剂，催化水解 HCFC-22，实验条件：MgO/ZrO_2 固体催化剂的量为 1.00 g，使用 175 g 石英砂作为催化剂填料载体并填充石英管。按 4.1.6 节的反应气体组成进行实验。实验结果如图 4.1 所示。

由图 4.1 可知，MgO/ZrO_2 催化剂对 HCFC-22 有较高的催化性，HCFC-22 的水解率在水解温度为 400℃时达到最大值 84.44%，未能达到本研究中低温分解氟利昂的要求。此外，该反应产生较多的 CO_2。

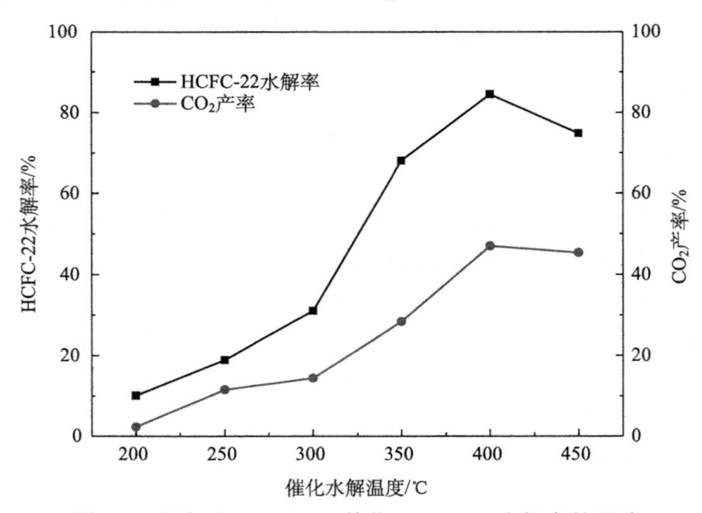

图 4.1　温度对 MgO/ZrO_2 催化 HCFC-22 水解率的影响

4.2.2　MoO_3/ZrO_2 催化水解 HCFC-22 实验

按 4.1.2 节的方法制备 MoO_3/ZrO_2 催化剂，催化水解 HCFC-22，实验条件：MoO_3/ZrO_2 催化剂使用量为 1.00 g，以 175 g 石英砂填充于石英管中作为催化剂填料载体。按 4.1.6 节的反应气体组成进行实验。实验结果如图 4.2 所示。

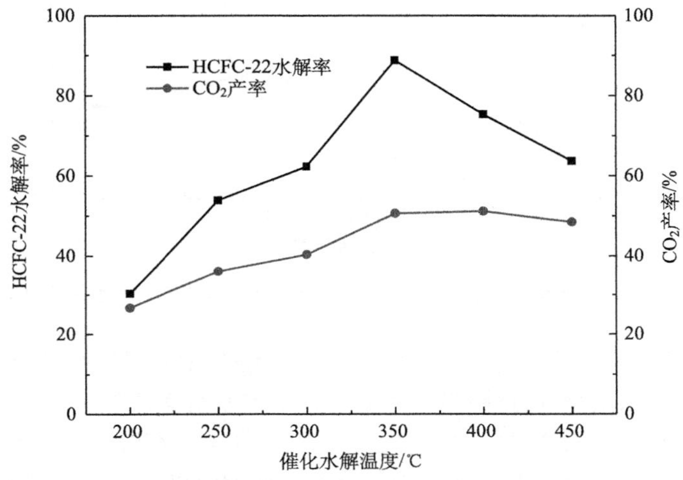

图 4.2　温度对 MoO_3/ZrO_2 催化 HCFC-22 水解率的影响

由图 4.2 可知，MoO_3/ZrO_2 催化剂在 350℃的水解温度下对 HCFC-22 的降解效果最好，水解率为 88.75%；之后随着温度的升高，水解率下降，这是由于水解反应产生了 HCl 和 HF，腐蚀了催化剂，导致催化剂的催化活性降低。但在中低温下其对氟利昂的降解效果较高，具有一定的研究价值。

4.2.3　MoO_3-MgO/ZrO_2 复合催化剂催化水解 HCFC-22 实验

按 4.1.2 节的方法制备 MoO_3-MgO/ZrO_2 催化剂，制备条件为：浸渍温度 40℃，浸渍浓度 0.25 mol/L，浸渍时间 6 h，焙烧温度 400℃，按 4.1.6 节的反应气体组成，改变催化剂焙烧时间做补充实验，结果如表 4.5 和图 4.3 所示。

表 4.5　补充实验结果分析表

试验号	A 浸渍温度 /℃	B 浸渍浓度 /(mol/L)	C 浸渍时间 /h	D 焙烧温度 /℃	E 焙烧时间 /h	HCFC-22 水解率 /%
1	40	0.25	6	400	0	32.31
2	40	0.25	6	400	2	62.31
3	40	0.25	6	400	3	98.88
4	40	0.25	6	400	4	52.61

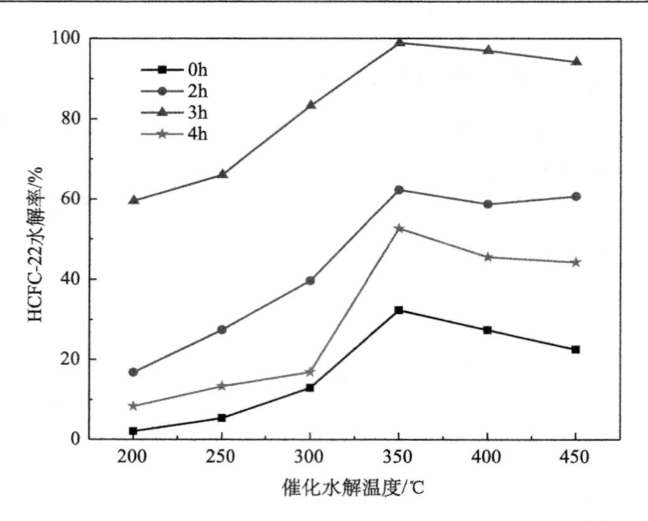

图 4.3 不同焙烧时间对 MoO_3-MgO/ZrO_2 催化 HCFC-22 水解率比较

如图 4.3 所示，不同温度下焙烧的 MoO_3-MgO/ZrO_2 催化剂对 HCFC-22 的水解效果也不同，未焙烧的催化剂降对 HCFC-22 的水解率最低，为 32.31%；经 2 h 焙烧的催化剂对 HCFC-22 的水解率为 62.31%；经 4 h 焙烧的催化剂对 HCFC-22 的水解率为 52.61%；经 3 h 焙烧的催化剂在水解温度为 350℃时水解率最高达 98.88%，后续水解温度升高水解率反而有所下降，这是由于水解产生了 HCl 和 HF，腐蚀了催化剂，导致催化剂的活性降低。结果表明，最佳催化剂制备条件如下：1.2198 g $MgCl_2$ •$6H_2O$ 和 6.4450 g $ZrOCl_2$ •$8H_2O$，钼酸铵浸渍浓度 0.25 mol/L，浸渍温度 40℃，浸渍时间 6 h，焙烧温度 400℃，焙烧时间 3 h。

4.2.4 催化剂催化水解 HCFC-22 效果比较

通过上述实验结果可看出，MgO/ZrO_2 催化剂与 MoO_3/ZrO_2 催化剂对 HCFC-22 均有较好催化效果，HCFC-22 水解率分别为 84.44%和 88.75%，但是 MgO/ZrO_2 催化剂所需水解温度较高，而 MoO_3/ZrO_2 催化剂对 HCFC-22 的降解不够彻底。新合成的 MoO_3-MgO/ZrO_2 三元复合催化剂在水解温度 350℃时，对 HCFC-22 的水解率达到了 98.88%，是较理想的催化水解 HCFC-22 的催化剂。

4.2.5 催化剂 MoO_3-MgO/ZrO_2 的寿命考查

MoO_3-MgO/ZrO_2 的制备条件为：1.2198 g $MgCl_2$ · $6H_2O$ 和 6.4450 g $ZrOCl_2$ · $8H_2O$，钼酸铵浸渍浓度 0.25 mol/L，浸渍温度 40℃，浸渍时间 6 h，焙烧温度 400℃，焙烧时间 3 h。MoO_3-MgO/ZrO_2 催化剂催化水解 HCFC-22，实验条件为：MoO_3-MgO/ZrO_2 固体催化剂 1.00 g，并填充在以 175 g 石英砂作为催化

剂填料的石英管中，按 4.1.6 节的反应气体组成，反应温度为 350℃，实验结果如图 4.4 所示。

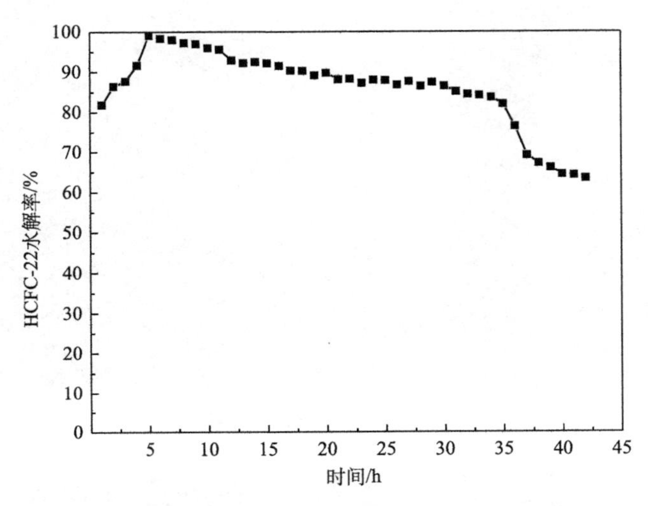

图 4.4　反应时间对 MoO_3-MgO/ZrO_2 催化 HCFC-22 水解率的影响

由图 4.4 可知，HCFC-22 的水解率在反应 5 h 时到了最大值 99.09%，随着反应时间的延长，HCFC-22 的水解率缓慢下降。当反应时间为 35 h 时，水解率仍保持在 80%以上。随着反应的进行，水解率降低，这是由于水解产生的 HCl 和 HF 腐蚀了催化剂，导致催化剂活性降低，对 HCFC-22 的降解效果下降，但至 42 h 时水解率仍保持在 60%以上。由此可知，该催化剂具有一定的稳定性，水解率较高，能充分降解 HCFC-22，是催化降解 HCFC-22 的良好催化剂。

4.2.6　产物分析

1. 产物的 SEM 分析

MoO_3-MgO/ZrO_2 催化剂的制备条件为：浸渍温度 40℃，浸渍浓度 0.25 mol/L，浸渍时间 6 h，焙烧温度 400℃，焙烧时间 3 h。用其催化水解 HCFC-22，实验条件为：MoO_3-MgO/ZrO_2 固体催化剂 1.00 g，并填充在装有 175 g 石英砂作为催化剂填料的石英管中，按 4.1.6 节的反应气体组成，反应温度为 350℃进行实验 12 h，得出的产物结晶实物见图 4.5。

由于降解较彻底，催化水解 HCFC-22 产生的 HF、HCl 和 CO_2 与尾气吸收液 NaOH 溶液反应，生成了 NaCl、NaF 和 Na_2CO_3，且由于量大而析出晶体。烘干后对产物进行 SEM 表征，如图 4.6 所示。

图 4.5　产物的实物图

图 4.6　产物的 SEM 照片

由 SEM 图可看出，产物呈较薄的结晶相，多为碎小的片状，有的则为较大片状。

2. 产物的 EDS 分析

制备条件为：浸渍温度 40℃，浸渍浓度 0.25 mol/L，浸渍时间 6 h，焙烧温度 400℃，焙烧时间 3 h，制备 MoO_3-MgO/ZrO_2 固体催化剂。用其催化水解 HCFC-22，实验条件为：MoO_3-MgO/ZrO_2 固体催化剂 1.00 g，并填充在装有 175 g 石英砂作为催化剂填料的石英管中。按 4.1.6 节的反应气体组成，反应温度为 350℃进行实验 12 h，对产物进行 EDS 分析，如图 4.7 所示。

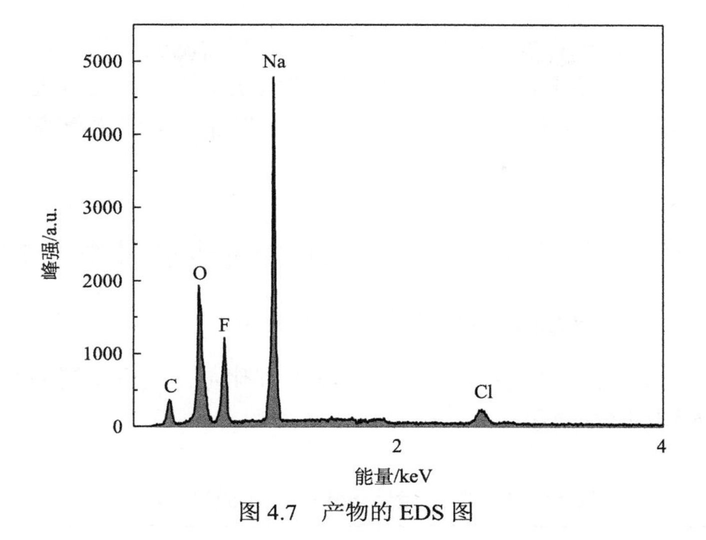

图 4.7 产物的 EDS 图

EDS 检测表明，产物中只含有 C、O、F、Na 和 Cl 五种元素，无其他杂元素，更进一步说明了降解产物为 HF、HCl 和 CO_2。

3. 产物的离子色谱分析

以相同条件制备 MoO_3-MgO/ZrO_2 催化剂，用其催化水解 HCFC-22，实验条件：MoO_3-MgO/ZrO_2 固体催化剂 1.00 g，并填充在装有 175 g 石英砂作为催化剂填料的石英管中。按 4.1.6 节的反应气体组成，反应温度为 350℃进行实验 12 h，研究了产物中 Cl^-和 F^-随催化水解温度的变化，结果如图 4.8 所示。

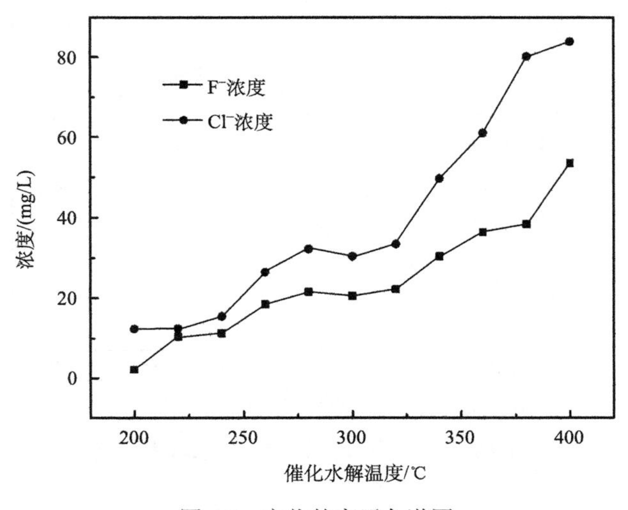

图 4.8 产物的离子色谱图

如图 4.8 所示，随着水解温度的升高，Cl^-和 F^-的浓度升高，理论上 F^-的浓度要高于 Cl^-，但结果表明，由于催化过程中的氟化现象，氟元素进入催化剂，因此，检测结果显示 Cl^-的浓度高于 F^-的浓度,同时也证实了催化降解产物为 HCl 和 HF。

4.3　固体催化剂 MoO_3-MgO/ZrO_2 催化水解 CFC-12

4.3.1　MoO_3-MgO/ZrO_2 催化剂制备条件结果分析

采用 4.1.2 节的方法制备 MoO_3-MgO/ZrO_2 催化剂，改变了浸渍时间，其实验结果如表 4.6 和图 4.9 所示。

表 4.6　单因素实验结果分析表(不同浸渍时间)

试验号	A 浸渍温度 /℃	B 浸渍浓度 /(mol/L)	C 浸渍时间 /h	D 焙烧温度 /℃	E 焙烧时间 /h	CFC-12 水解率 /%
1	60	0.25	6	500	3	96.71
2	60	0.25	12	500	3	72.74
3	60	0.25	24	500	3	55.43

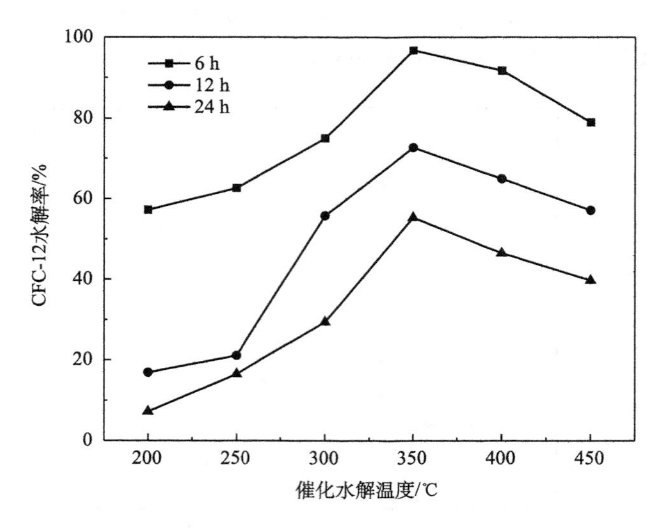

图 4.9　不同浸渍时间 CFC-12 水解率比较

由表 4.6 可知，当改变条件浸渍时间时，浸渍 24 h 后催化水解 CFC-12 水解率为 55.43%，催化剂浸渍 12 h 后催化水解 CFC-12 的水解率为 72.74%，而浸渍 6 h 的催化剂水解 CFC-12 的水解率最高达到 96.71%。由催化剂 SEM 表征结果(图 4.10～图 4.12)可看出，浸渍时间过长，负载物 MoO_3 过多，将导致载体孔隙堵塞并降低催化剂的比表面积，因此过量的负载物反而对催化剂的催化活性不利，负载适量的 MoO_3 则有利于提高 MoO_3-MgO/ZrO_2 催化剂的活性。

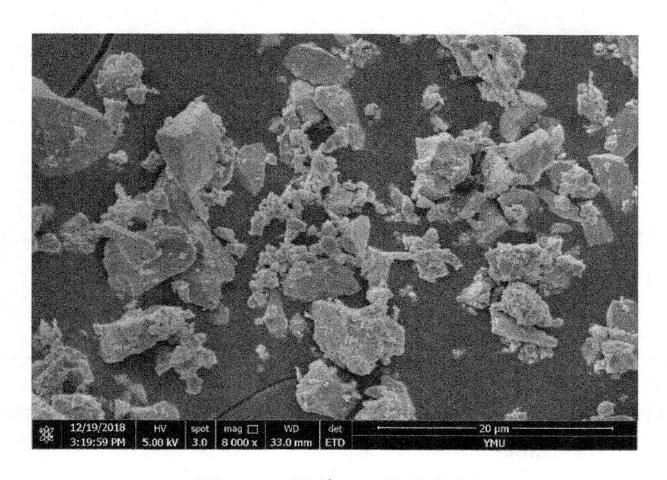

图 4.10　浸渍 6 h 的催化剂

图 4.11　浸渍 12 h 的催化剂

图 4.12　浸渍 24 h 的催化剂

改变浸渍温度制备了不同的催化剂，其对 CFC-12 的催化水解效果如表 4.7 与图 4.13 所示。

表 4.7　单因素实验结果分析表(不同浸渍温度)

试验号	A 浸渍温度 /℃	B 浸渍浓度 /(mol/L)	C 浸渍时间 /h	D 焙烧温度 /℃	E 焙烧时间 /h	CFC-12 水解率 /%
1	20	0.25	6	500	3	57.16
2	40	0.25	6	500	3	97.93
3	60	0.25	6	500	3	96.71
4	80	0.25	6	500	3	31.44

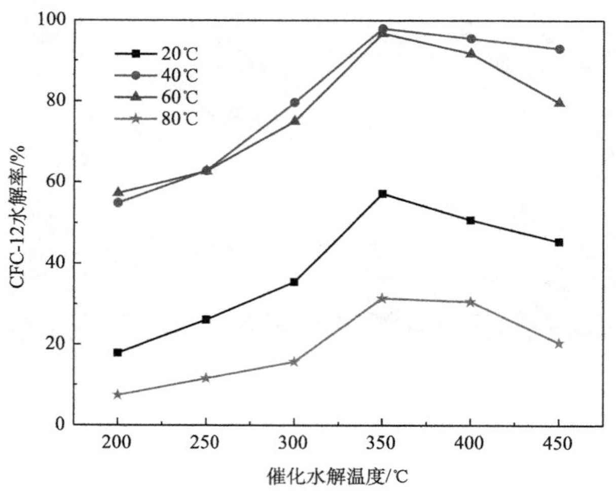

图 4.13　不同浸渍温度 CFC-12 水解率比较

浸渍温度为 20℃时，CFC-12 水解率为 57.16%；浸渍温度为 40℃时，CFC-12 的水解率，最高为 97.93%；浸渍温度为 60℃时，CFC-12 水解率为 96.71%；当浸渍温度为 80℃时，催化剂催化水解效果最差，CFC-12 水解率仅有 31.44%。不同温度下浸渍的催化剂的 SEM 表征如图 4.14～图 4.17 所示。

SEM 图显示，浸渍温度为 20℃的催化剂表面几乎无负载物；浸渍温度为 40℃的催化剂表面有少许负载物；浸渍温度为 60℃的催化剂表面有较多絮状负载物；而浸渍温度为 80℃的催化剂，表面有大量负载物，且催化剂形貌有所改变。可见，过低的浸渍温度不利于 MoO_3 的负载，而过高的浸渍温度则会影响催化剂的形貌结构，进而影响催化剂的催化活性。

在上述实验的基础上，选择浸渍温度、浸渍浓度、浸渍时间、焙烧温度四个因素作为实验因子进行正交试验，以 CFC-12 的最高水解率为综合指标评价正交试验。设计的 $L_9(3^4)$ 正交试验结果如表 4.8 所示。

图 4.14 浸渍温度 20℃的催化剂

图 4.15 浸渍温度 40℃的催化剂

图 4.16 浸渍温度 60℃的催化剂

图 4.17 浸渍温度 80℃的催化剂

表 4.8　正交试验结果分析表

试验号	A 浸渍温度 /℃	B 浸渍浓度 /(mol/L)	C 浸渍时间 /h	D 焙烧温度 /℃	E 焙烧时间 /h	CFC-12 水解率 /%
1	20	0.1	3	500	3	90.11
2	20	0.25	12	600	3	96.18
3	20	0.5	6	400	3	95.87
4	40	0.1	12	400	3	96.41
5	40	0.25	6	500	3	97.93
6	40	0.5	3	600	3	95.03
7	60	0.1	6	600	3	95.96
8	60	0.25	3	400	3	95.57
9	60	0.5	12	500	3	91.77
K_1	282.16	282.48	280.71	279.80		
K_2	289.36	289.67	284.36	287.17		
K_3	283.30	282.67	289.75	287.85		
k_1	94.05	94.16	93.57	93.26		
k_2	96.45	96.56	94.79	95.72		
k_3	94.43	94.22	95.45	95.95		
R	2.40	2.40	1.88	2.69		

由表 4.8 的正交试验结果，可根据极差大小得出各因素对 CFC-12 水解率的影响为：$R_D > R_A(R_B) > R_C$。可以得出结论，催化剂优化制备条件为 $A_2B_2C_3D_3$，即浸渍温度 40℃，浸渍浓度 0.25 mol/L，浸渍时间 6 h，焙烧温度 400℃。

4.3.2　MgO/ZrO_2 催化水解 CFC-12

按 4.1.2 节的方法制备 MgO/ZrO_2 催化剂，催化水解 CFC-12，实验条件：MgO/ZrO_2 催化剂使用量为 1.00 g，并且使用 175 g 石英砂作为催化剂填料载体以填充石英管。按 4.1.6 节的反应气体组成进行实验。实验结果如图 4.18 所示。

由图 4.18 可知，随着催化水解温度的升高，CFC-12 水解率逐渐增加，当温度到达 450℃时，CFC-12 的水解率达到最高，为 95.86%。但本研究要求中低温分解氟利昂，从该方面考虑，450℃的催化水解温度过高，未能达到目的，且有大量的 CO_2 产生。

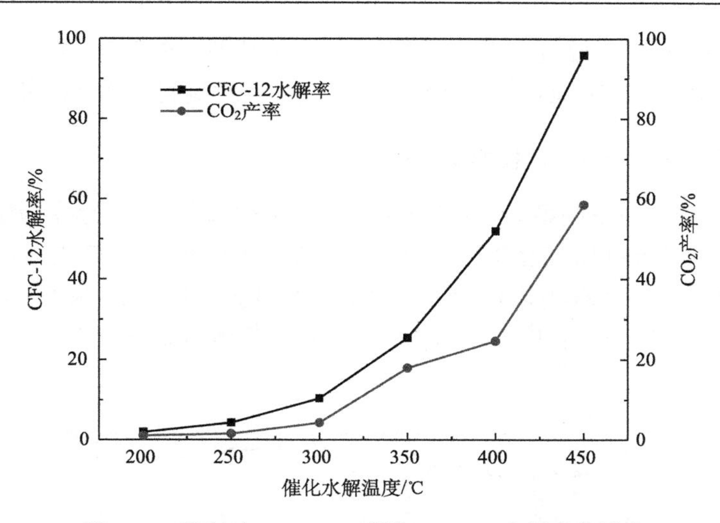

图 4.18　温度对 MgO/ZrO_2 催化 CFC-12 水解率的影响

4.3.3　MoO_3/ZrO_2 催化水解 CFC-12

按 4.1.2 节的方法制备 MoO_3/ZrO_2 催化剂，催化水解 CFC-12，实验条件：MoO_3/ZrO_2 催化剂使用量为 1.00 g，以 175 g 石英砂填充于石英管中作为催化剂填料载体。按 4.1.6 节的反应气体组成进行实验。实验结果如图 4.19 所示。

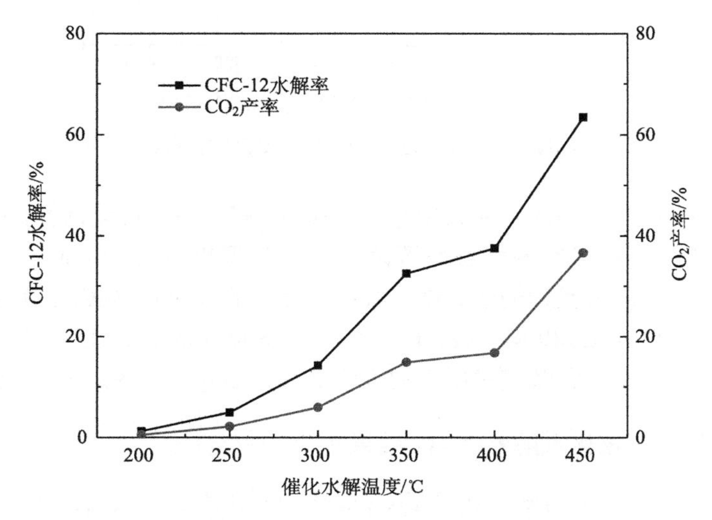

图 4.19　温度对 MoO_3/ZrO_2 催化 CFC-12 水解率的影响

从图 4.19 可以看出，MoO_3/ZrO_2 对 CFC-12 有一定的催化活性，随着催化水解温度的升高，CFC-12 水解率逐渐增大，但最大值仅为 63.50%，且催化水解温度较高，未能使 CFC-12 完全分解，尾气中仍含有大量 CFC-12，会造成环境污染。结果表明，MoO_3/ZrO_2 催化剂催化水解温度高，且对氟利昂催化效果不佳。

4.3.4　MoO_3-MgO/ZrO_2 催化水解 CFC-12

按 4.1.2 节的方法制备 MoO_3-MgO/ZrO_2 催化剂，制备条件为：浸渍温度 40℃，浸渍浓度为 0.25 mol/L，浸渍时间为 6 h，焙烧温度为 500℃，焙烧时间为 3 h。实验条件：MoO_3-MgO/ZrO_2 固体催化剂使用量 1.00 g，并填充在装有 175 g 石英砂作为催化剂填料的石英管中。按 4.1.6 节的反应气体组成进行实验。实验结果如图 4.20 所示。

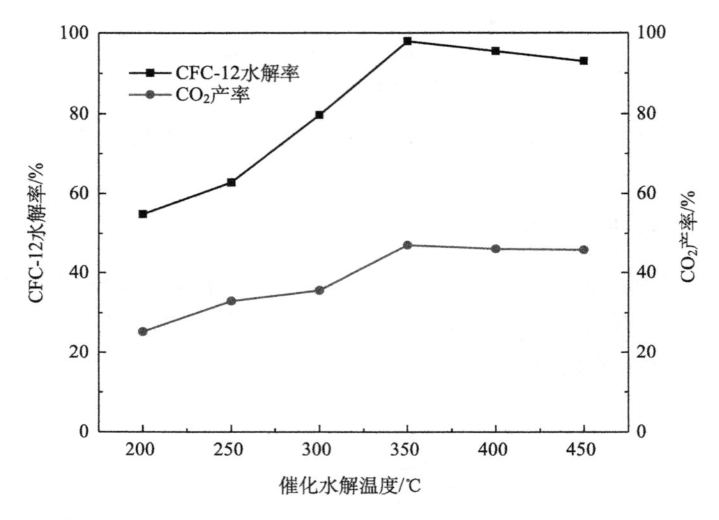

图 4.20　温度对 MoO_3-MgO/ZrO_2 催化 CFC-12 水解率的影响

由图 4.20 可知，MoO_3-MgO/ZrO_2 对 CFC-12 有很高的催化活性，随着催化水解温度的升高，CFC-12 的水解率逐渐增加，当温度到 350℃时，水解率高达 97.93%，CFC-12 降解更为彻底。结果表明，复合的 MoO_3-MgO/ZrO_2 催化剂的催化效果优于 MoO_3/ZrO_2 和 MgO/ZrO_2，CFC-12 的最佳水解温度为 350℃。同时，由于通入 O_2 参与反应和碱液对尾气的吸收处理，CO_2 的产率远低于理论值。

4.3.5　不同催化剂催化水解 CFC-12 效果比较

根据上述实验结果可知，MgO/ZrO_2 催化剂催化水解 CFC-12 时，当温度到达 450℃时，CFC-12 的水解率达到最高(95.86%)；MoO_3/ZrO_2 催化剂催化水解 CFC-12 时，水解温度达到 450℃时，CFC-12 水解率仅为 63.50%；当使用 MoO_3-MgO/ZrO_2 三元复合催化剂催化水解 CFC-12 时，水解温度为 350℃时，

CFC-12 的水解率为 97.93%。由此可见，MgO/ZrO_2 催化剂虽然对 CFC-12 有较高的催化效果，但是所需温度过高，而 MoO_3-MgO/ZrO_2 三元复合催化剂，在较低的水解温度下能将 CFC-12 水解率达到 97.93%，是催化水解 CFC-12 的理想催化剂。

4.3.6 水蒸气浓度对催化水解反应的影响

按 4.1.2 节的方法制备 MoO_3-MgO/ZrO_2 催化剂，制备条件为：浸渍温度 40℃，浸渍浓度 0.25 mol/L，浸渍时间 6 h，焙烧温度 500℃，焙烧时间 3 h。实验条件：MoO_3-MgO/ZrO_2 催化剂使用量为 1.00 g，以 175 g 石英砂填充于石英管中作为催化剂填料载体。按 4.1.6 节的反应气体组成，反应温度为 350℃进行实验，改变水蒸气浓度(0%、10%、30%和 60%)，研究了不同浓度水蒸气对 CFC-12 水解率的影响。实验结果如图 4.21 所示。

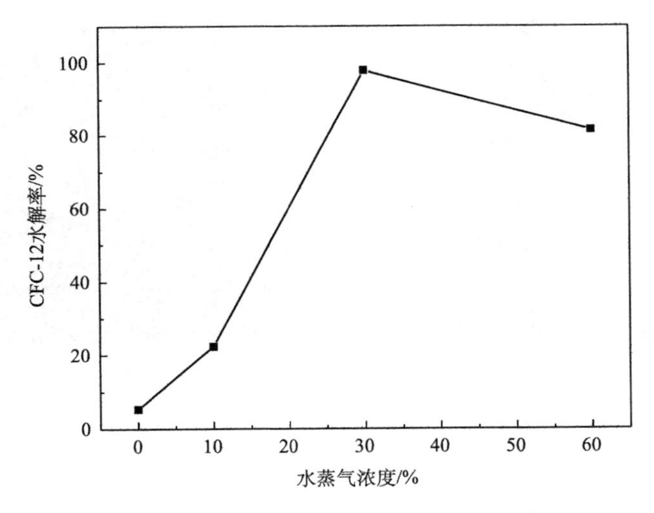

图 4.21 水蒸气浓度对 CFC-12 水解率的影响

从图 4.21 可以看出，当没有引入水蒸气时，CFC-12 的水解率非常低，仅为 5.34%，这是由于 CFC-12 的分解反应为水解反应，没有水蒸气的参与，分解反应很难进行，随着水蒸气的增加，水解率逐渐增大，当水蒸气浓度为 30%时，水解率达到最大值 97.93%；当通入水蒸气浓度为 60%时，水解率又有所下降，这是因为较多的水蒸气影响了催化水解温度，也加大了气流流速，导致 CFC-12 未能与催化剂充分接触及反应。综上可知，催化水解 CFC-12 的最佳水蒸气浓度为 30%。

4.4　催化剂 MoO_3-MgO/ZrO_2 表征

4.4.1　扫描电子显微镜(SEM)分析

1. MgO/ZrO_2 的 SEM 分析

根据 4.1.2 节的方法制备了 MgO/ZrO_2 催化剂，按 4.1.6 节的反应气体组成，连续反应 42 h 后，通过 SEM 表征反应前后的催化剂，结果如图 4.22 所示。

反应前 MgO/ZrO_2 催化剂呈大小不均块状，轮廓较为清晰，催化水解 HCFC-22 后，催化剂形貌结构未发生明显的变化，有一些细小的二氧化硅颗粒与条状石英棉，这是在回收过程中引入的。结合实验结果可知，MgO/ZrO_2 催化剂对 HCFC-22 有一定的催化活性，且具有较好的稳定性。

(a) 反应前

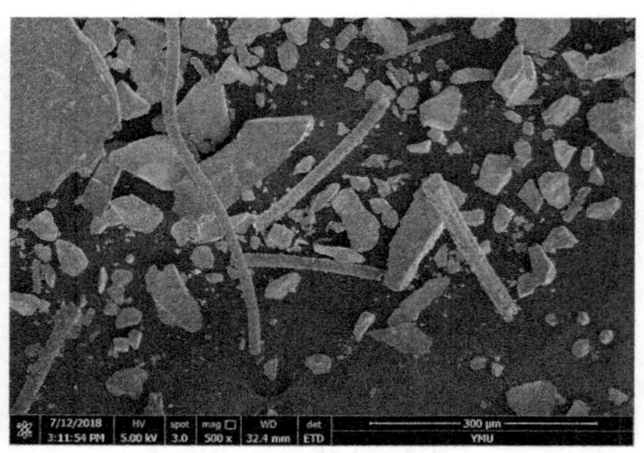

(b) 反应后

图 4.22　MgO/ZrO_2 反应前后 SEM 照片

2. MoO_3/ZrO_2 的 SEM 分析

按 4.1.2 节的条件制备 MoO_3/ZrO_2 催化剂，按 4.1.6 节的反应气体组成，连续反应 42 h 后，通过 SEM 表征反应前后的催化剂，结果如图 4.23 所示。

从图 4.23 可以看出，反应前催化剂 MoO_3/ZrO_2 呈小块状，表面附着较多絮状物，催化水解 HCFC-22 后，催化剂表面的絮状物减少，反应后的 SEM 图中出现了细小颗粒物和条状物质，这是回收催化剂过程中引入的二氧化硅颗粒与石英棉。结合实验结果分析可知，该催化剂虽具有一定的催化活性，但稳定性一般。

(a) 反应前　　(b) 反应后

图 4.23　MoO_3/ZrO_2 反应前后 SEM 照片

3. MoO_3-MgO/ZrO_2 的 SEM 分析

按 4.1.2 节制备了 MoO_3-MgO/ZrO_2 催化剂，按 4.1.6 节的反应气体组成，连续反应 42 h 后，通过 SEM 表征反应前后的催化剂，结果如图 4.24 所示。

(a) 反应前　　(b) 反应后

图 4.24　MoO_3-MgO/ZrO_2 反应前后 SEM 照片

从图 4.24 可以看出，反应前催化剂呈块状，轮廓较为清晰，表面有少许附着物，在催化水解 HCFC-22 后，催化剂形貌结构未发生明显的变化，有一些细小的二氧化硅颗粒与条状石英棉，这是回收过程中引入的。综上所述，结合催化实验结果得知，MoO_3-MgO/ZrO_2 复合催化剂具有较高的催化活性，稳定性较好，且寿命较长。

4.4.2 能谱分析

EDS主要是利用不同元素X射线光子的特征能量不同这一特点来对催化剂表面的元素组成进行分析。

1. MgO/ZrO_2的 EDS 分析

按 4.1.2 节的条件制备了 MgO/ZrO_2催化剂，按 4.1.6 节的反应气体组成，在连续反应 42 h 后，通过 EDS 表征反应前后的催化剂，结果如图 4.25 所示。

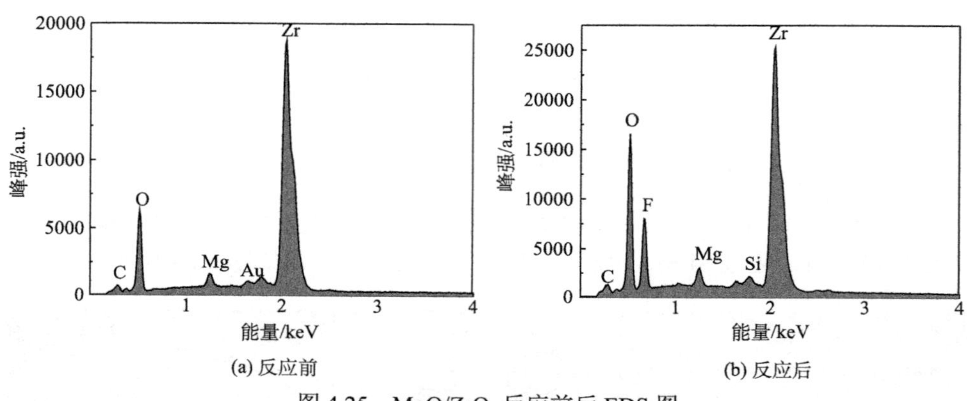

(a) 反应前　　(b) 反应后

图 4.25　MgO/ZrO_2反应前后 EDS 图

由上图可看出，反应前催化剂经 EDS 检测出了 5 种元素：C，O，Mg，Au 和 Zr。C 元素是测试时使用的导电胶引入的，Au 元素是测试时喷金引入，除此无其他杂元素存在，说明所合成的催化剂较纯，无杂质。而反应后的催化剂 EDS 图则显示出含有 F 和 Si，F 元素是反应过程中产生的氟化现象引入的，Si 元素是回收催化剂时引入的。此外，测试时没有喷金，所以 EDS 检测少了 Au 元素。

2. MoO_3/ZrO_2的 EDS 分析

按 4.1.2 节的条件制备 MoO_3/ZrO_2催化剂，按 4.1.6 节的反应气体组成，连续反应 42 h 后，通过 EDS 表征反应前后的催化剂，结果如图 4.26 所示。

反应前催化剂 MoO_3/ZrO_2的 EDS 图显示，催化剂中只含有 O，Zr 和 Mo 3 种元素，说明制备的 MoO_3/ZrO_2较纯。而反应后的 EDS 图则多出了 F 和 Si，是因为反应产生的氟化现象和回收催化剂时引入的。C 元素是由测试时使用的导电胶引入，Au 元素是由测试时喷金引入。

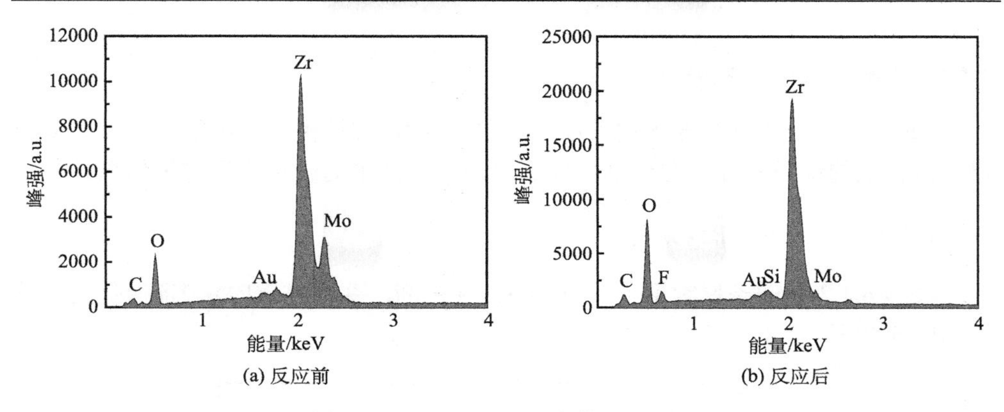

(a) 反应前　(b) 反应后

图 4.26　MoO_3/ZrO_2 反应前后 EDS 图

3. MoO_3-MgO/ZrO_2 的 EDS 分析

按 4.1.2 节的条件制备 MoO_3-MgO/ZrO_2 催化剂，按 4.1.6 节的反应气体组成，连续反应 42 h 后，通过 EDS 表征反应前后的催化剂，结果如图 4.27 所示。

根据反应前的 EDS 测试结果可知，合成的 MoO_3-MgO/ZrO_2 催化剂有 6 种元素：O，Mg，Zr，Mo，Au 和 C 元素，C 元素是由测试时使用的导电胶引入的，Au 元素是由测试时喷金引入，此外没有其他杂元素存在。反应后的测试结果表明，除反应前 EDS 检测结果中的元素外，还发现了 F，F 元素是产生的氟化现象引入的，而少了 Au 元素是因为测试时没有喷金，也证明了该合成催化剂的纯度相对较高。

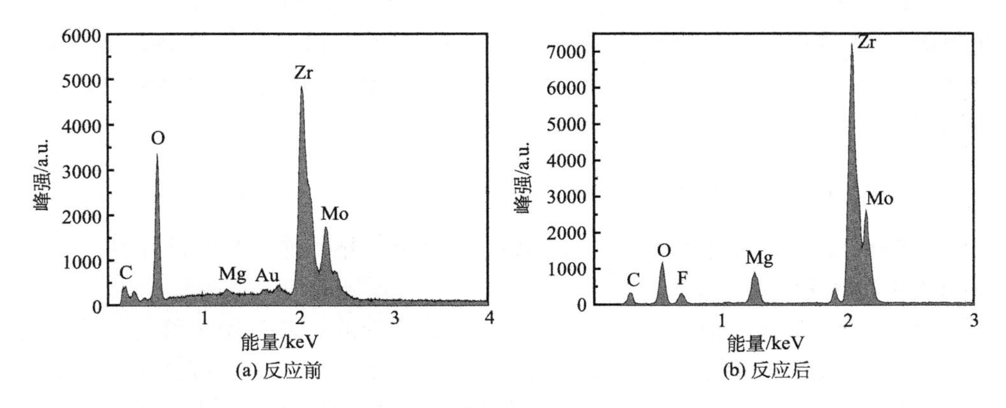

(a) 反应前　(b) 反应后

图 4.27　MoO_3-MgO/ZrO_2 反应前后 EDS 图

4.4.3 X 射线衍射(XRD)分析

XRD 主要是通过对催化剂进行 X 射线衍射，分析催化剂的衍射图谱，从而得知催化剂的组成成分、催化剂内部的原子或者分子的结构或形态等信息。

1. MgO/ZrO_2 的 XRD 分析

根据 4.1.2 节的条件制备了 MgO/ZrO_2 催化剂，并通过 XRD 表征催化剂，结果如图 4.28 所示。

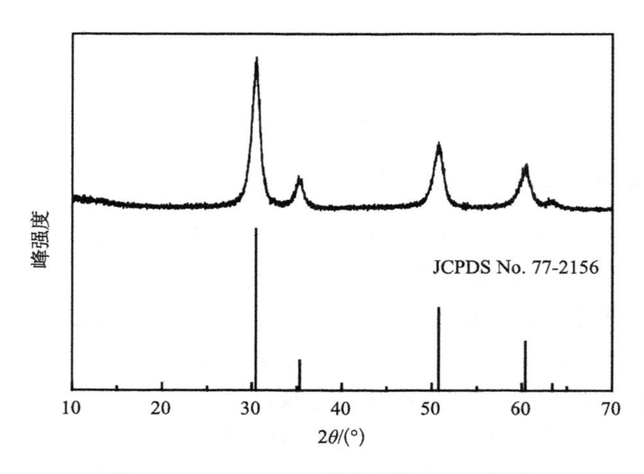

图 4.28 MgO/ZrO_2 催化剂的 XRD 图谱

由图 4.28 可知，所制备成的 MgO/ZrO_2 催化剂的 XRD 衍射峰与标准卡片 JCPDS No.77-2156 一致，在 2θ 为 30.452°、35.307°、50.792°、60.384°、63.372°处均有明显的衍射峰，无任何杂峰，且峰尖，说明该催化剂结晶性能较好，呈立方晶相。

2. MoO_3/ZrO_2 的 XRD 分析

根据 4.1.2 节的条件制备了 MoO_3/ZrO_2 催化剂，并通过 XRD 表征催化剂，结果如图 4.29 所示。

由图 4.29 可知，所合成的 MoO_3/ZrO_2 催化剂的 XRD 衍射峰与标准卡片 JCPDS No.79-1770 一致，在 2θ 为 30.242°、35.292°、50.252°、60.241°处均有明显的衍射峰，无任何杂峰，且峰尖，说明 MoO_3/ZrO_2 催化剂结晶性能较好，呈立方晶相。由于不同的物相对 X 射线的吸收不同，一些相在 1%左右即可被检出，而另一些相可能在 10%以上都难以检出。由于低含量的 MoO_3 有利于 MoO_3 在 ZrO_2 的表面高度分散，因此 XRD 图谱上并未出现 MoO_3 的特征衍射峰；当 MoO_3 的负载量高于 20%时，MoO_3 的特征衍射峰才出现在 XRD 图谱上[95]。此外，EDS 与 XRF 表征均证明了 Mo 元素的存在。

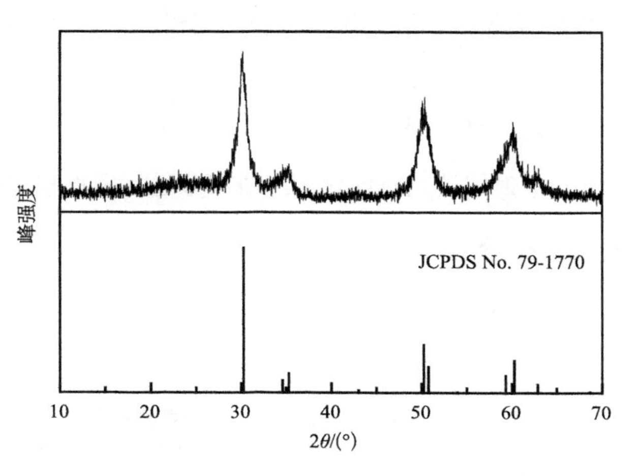

图 4.29　MoO_3/ZrO_2 催化剂的 XRD 图谱

3. MoO_3-MgO/ZrO_2 的 XRD 分析

根据 4.1.2 节的条件制备 MoO_3-MgO/ZrO_2 催化剂，并通过 XRD 表征催化剂，结果如图 4.30 所示。

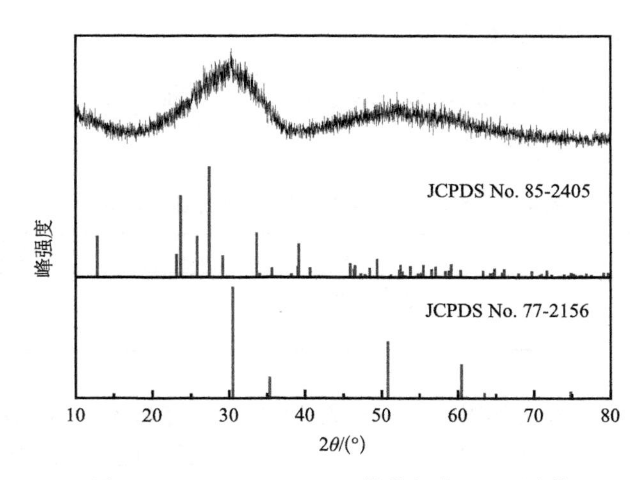

图 4.30　MoO_3-MgO/ZrO_2 催化剂的 XRD 图谱

由图 4.30 可知，所合成的 MoO_3-MgO/ZrO_2 催化剂的 XRD 衍射峰与标准卡片 JCPDS No.85-2405 与 JCPDS No.77-2156 一致，在 2θ 为 12.835°、27.412°、

30.495°、50.867°处均有明显的衍射峰，无任何杂峰，图中微弱的 MgO 和 MoO_3 特征峰，说明这两种氧化物已高度分散于催化剂中；由 XRD 图谱还可看出，衍射峰的强度明显减弱，表明其结晶度降低但分散性提高，同时衍射峰变宽，说明晶粒的尺寸减小[96]。

4.4.4 X 射线荧光光谱(XRF)分析

XRF 主要是通过 X 射线荧光对催化剂组成成分进行定性与定量分析。

1. MgO/ZrO_2 的 XRF 分析

按 4.1.2 节的条件制备 MgO/ZrO_2 催化剂，对催化剂进行 XRF 分析，结果如表 4.9 所示。

表 4.9 MgO/ZrO_2 催化剂 XRF 结果分析表

组分	强度/(cps/μA)	含量/%
MgO	0.0235	3.082
ZrO_2	10333.9276	96.918

从表中可知，该催化剂由 3.082%的 MgO 与 96.918%的 ZrO_2 组成，且此配比合成的催化剂对氟利昂的催化水解效果一般。

2. MoO_3/ZrO_2 的 XRF 分析

根据 4.1.2 节的条件制备 MoO_3/ZrO_2 催化剂，对催化剂进行 XRF 分析，结果如表 4.10 所示。

表 4.10 MoO_3/ZrO_2 催化剂 XRF 结果分析表

组分	强度/(cps/μA)	含量/%
MoO_3	2017.0826	14.789
ZrO_2	9236.2965	85.211

由上表结合实验分析得出，以组分为 14.789%的 MoO_3 和 85.211%的 ZrO_2 所合成的催化剂，对 HCFC-22 的催化水解效果较低。因为 MoO_3 的负载量为 14.789%，低于 20%，所以 XRD 图谱上未能出现 MoO_3 的特征衍射峰。

3. MoO_3-MgO/ZrO_2 的 XRF 分析

按 4.1.2 节的条件制备 MoO_3-MgO/ZrO_2 催化剂，对催化剂进行 XRF 分析，结果如表 4.11 所示。

表 4.11　MoO_3-MgO/ZrO_2 催化剂 XRF 结果分析表

组分	强度/(cps/μA)	含量/%
MgO	0.0134	1.801
MoO_3	2082.5404	22.386
ZrO_2	8292.6059	75.813

根据表 4.11 可知，合成催化剂的各物质组分，MgO 含量为 1.801%，MoO_3 含量为 22.386%，ZrO_2 含量为 75.813%，由此配比制备的催化剂催化性能较高。此外，还证实了当 MoO_3 的负载量高于 20%时，MoO_3 的特征衍射峰才会出现在 XRD 图谱上这一结论。

4.4.5　比表面积(BET)分析

催化剂的比表面积大小对催化剂的催化活性有一定的影响。比表面积大的催化剂，更有利于活性组分的负载和催化剂与反应气体的接触。BET 测试方法是将催化剂放入充满 N_2 的气体体系中，在液氮温度下对催化剂表面进行物理吸附。当物理吸附处于平衡状态时，通过测量吸附压力和吸附气体的平衡流速，计算出催化剂单分子层的吸附能力，进而计算出催化剂的比表面积。

1. MgO/ZrO_2 的 BET 分析

按 4.1.2 节的条件制备 MgO/ZrO_2 催化剂，对催化剂进行 BET 分析，结果如图 4.31 和表 4.12 所示。

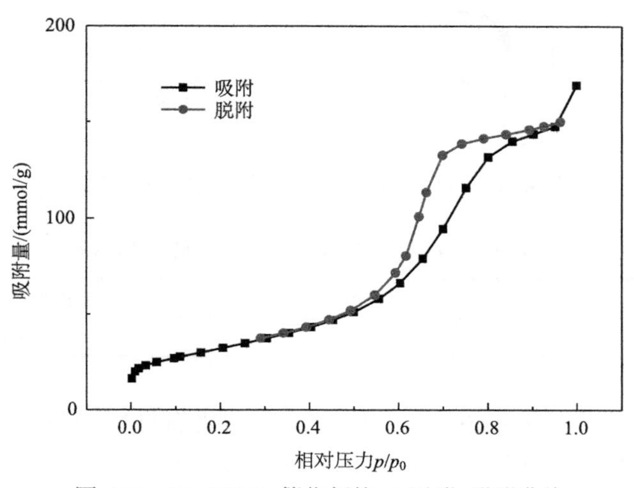

图 4.31　MgO/ZrO_2 催化剂的 N_2 吸附-脱附曲线

表 4.12　MgO/ZrO_2 催化剂比表面积和孔体积

样品	比表面积/(m^2/g)	孔体积/(cm^3/g)
MgO/ZrO_2	114.27	26.254

图 4.31 显示，MgO/ZrO_2 催化剂 N_2 吸附曲线在 p/p_0=0.01 时开始缓慢增长，在 p/p_0=0.5 时呈斜坡式剧增，并在 p/p_0=0.3 时与脱附曲线分离，由 IUPAC 分类[97]可知，该催化剂吸附曲线类型属于Ⅳ类型，说明 MgO/ZrO_2 为介孔物质，有较好的孔道结构，也证实了 MgO/ZrO_2 具有一定的催化性。

表 4.12 显示，尽管 MgO/ZrO_2 催化剂有介孔，但其比表面积与孔体积小，分别为 114.27 m^2/g 和 26.254 cm^3/g，从而导致该催化剂的活性较低。

2. MoO_3/ZrO_2 的 BET 分析

按 4.1.2 节的条件制备 MoO_3/ZrO_2 催化剂，对催化剂进行 BET 分析，结果如图 4.32 和表 4.13 所示。

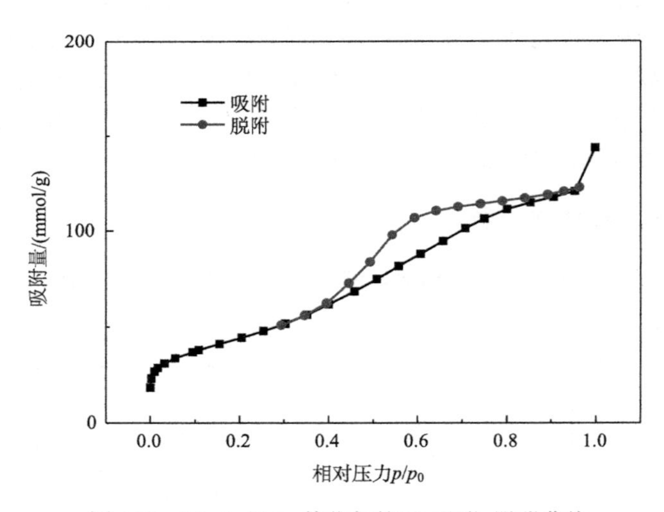

图 4.32　MoO_3/ZrO_2 催化剂的 N_2 吸附-脱附曲线

表 4.13　MoO_3/ZrO_2 催化剂比表面积和孔体积

样品	比表面积/(m^2/g)	孔体积/(cm^3/g)
MoO_3/ZrO_2	163.02	37.454

从图中可知，当 p/p_0=0.01 时，MoO_3/ZrO_2 催化剂的 N_2 吸附曲线呈线性增长，并在 p/p_0=0.4 时与脱附曲线分离，此催化剂的吸附曲线类型属于Ⅳ类型，这表明

MoO_3/ZrO_2 催化剂具有介孔结构并有一定的催化活性。

从表中可知，MoO_3/ZrO_2 催化剂的比表面积为 163.02 m^2/g，孔体积为 37.454 cm^3/g，两者均大于 MgO/ZrO_2 催化剂，结合催化水解 HCFC-22 的实验，MoO_3/ZrO_2 催化剂催化水解 HCFC-22 的水解率大于 MgO/ZrO_2 催化剂催化水解 HCFC-22 的水解率，证实了比表面积与孔体积的大小对催化剂催化活性有一定的影响。

3. MoO_3-MgO/ZrO_2 的 BET 分析

按 4.1.2 节的条件制备 MoO_3-MgO/ZrO_2 催化剂，对催化剂进行 BET 表征，结果如图 4.33 和表 4.14 所示。

从图 4.33 可看出，当 p/p_0=0.02 时，MoO_3-MgO/ZrO_2 催化剂 N_2 吸附曲线呈斜坡式剧增，并在 p/p_0=0.3 时与脱附曲线分离，说明 MoO_3-MgO/ZrO_2 催化剂存在孔道结构。根据 IUPAC 分类可知，MoO_3-MgO/ZrO_2 催化剂的吸附曲线类型属于Ⅳ类型，表明催化剂具有介孔结构。

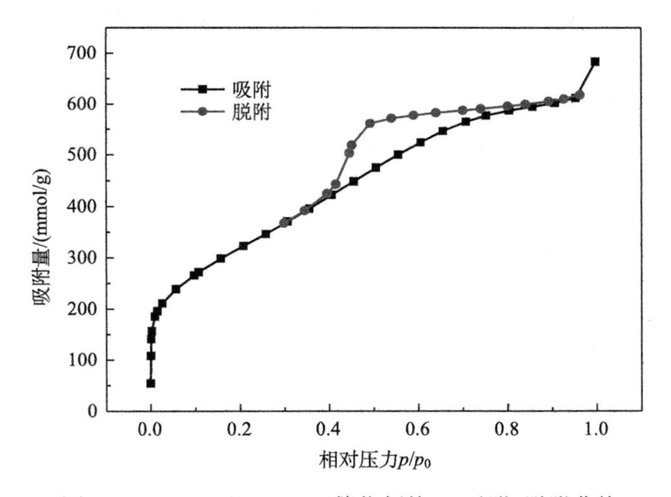

图 4.33　MoO_3-MgO/ZrO_2 催化剂的 N_2 吸附-脱附曲线

表 4.14　MoO_3-MgO/ZrO_2 催化剂比表面积和孔体积

样品	比表面积/(m^2/g)	孔体积/(cm^3/g)
MoO_3-MgO/ZrO_2	1148.4	263.85

由表 4.14 可知，MoO_3-MgO/ZrO_2 催化剂的比表面积为 1148.4 m^2/g，总孔体积为 263.85 cm^3/g，表明活性组分 MgO 和 MoO_3 均匀地分散于 ZrO_2 孔道的内、外表面，较好地维持了载体 ZrO_2 原有的孔道结构。与 MgO/ZrO_2 和 MoO_3/ZrO_2 比较，

MoO_3-MgO/ZrO_2 催化剂的比表面积与孔体积远大于前二者，说明该催化剂的催化活性比 MgO/ZrO_2 和 MoO_3/ZrO_2 好，MoO_3-MgO/ZrO_2 催化剂催化水解 CFC-12 与 HCFC-22 的实验结果也证实了这一点。

4.4.6　表面酸碱性质(NH_3-TPD)分析

NH_3-TPD(temperature-programmed desorption，程序升温脱附)是表征固体催化剂表面酸性性质的有效手段。NH_3-TPD 主要是以 NH_3 为探针分子，室温下对样品进行定量吸附，然后以氮气为脱附介质，在程序升温条件下对吸附在样品上的 NH_3 进行脱附。NH_3 对样品的吸附力与吸附点的酸度成正比。一般来说，吸附点的酸性越强，NH_3 的吸附力就越大，脱附所需的温度就越高。通过对脱附气体中不同温度下的 NH_3 含量分析，对样品的酸度分布进行表征。NH_3-TPD 曲线图可提供酸性活性中心的数量、酸性中心的类型、酸性中心的强弱以及相应酸强度的酸量等信息[98]。在催化领域，一般认为 200℃以下对应弱酸位的脱附峰，200～350℃之间对应中强酸位的脱附峰，350～500℃之间对应强酸位的脱附峰。通过计算不同脱附温度下的脱附峰面积，可以得到催化剂的相对酸性强度及分布。

按 4.1.2 节的条件制备 MoO_3-MgO/ZrO_2 催化剂，对催化剂进行 NH_3-TPD 表征，结果如图 4.34 所示。

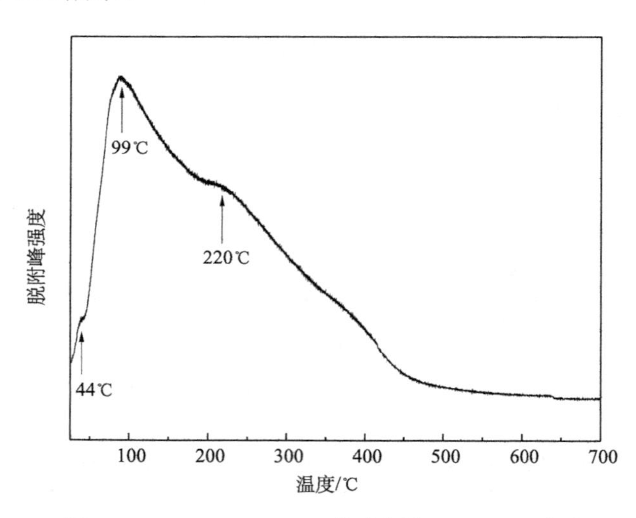

图 4.34　MoO_3-MgO/ZrO_2 催化剂的 NH_3-TPD 曲线

由 MoO_3-MgO/ZrO_2 催化剂的 NH_3-TPD 曲线可知，该催化剂有三个 NH_3-TPD 脱附峰。在 44℃出现了第一个 NH_3-TPD 脱附峰，峰面积较小；在 99℃时出现了第二个 NH_3-TPD 脱附峰，峰面积相对较大；在 220℃时出现了第三个峰面积较大的 NH_3-TPD 脱附峰。NH_3-TPD 曲线图说明 MoO_3-MgO/ZrO_2 催化剂表面存在三个酸中心，两个为弱酸，T_M=44℃和 T_M=99℃；一个为中强酸，T_M=220℃。根据峰面积积分可得出，MoO_3-MgO/ZrO_2 催化剂的中强酸酸量大于弱酸酸量。

4.5　本 章 小 结

(1) 单因素实验结果表明，过高的浸渍温度和过长的浸渍时间都不利于催化剂的催化活性；正交实验结果显示，对催化剂影响最大的制备条件是焙烧温度，影响最小的是浸渍时间。以 CFC-12 与 HCFC-22 的水解率为标准，得出催化剂制备条件为：镁锆物质的量比为 3∶10，钼酸铵浸渍浓度 0.25 mol/L，浸渍温度 40℃，浸渍时间 6 h，焙烧温度 400℃，焙烧时间 3 h。

(2) 使用 MgO/ZrO_2 复合催化剂催化水解低浓度氟利昂，当催化对象为 CFC-12，水解温度达到 450℃时，水解率达到最大值(95.86%)；当催化对象为 HCFC-22，水解温度达到 400℃时，水解率高达 84.44%。

(3) 使用 MoO_3/ZrO_2 复合催化剂催化水解低浓度氟利昂，当催化对象为 CFC-12，水解温度达到 450℃时，水解率仅为 63.50%，不能完全分解 CFC-12；当催化对象为 HCFC-22，水解温度达到 350℃时，水解率达到最大值(88.75%)。

(4) 使用 MoO_3-MgO/ZrO_2 三元复合催化剂催化水解低浓度氟利昂，当催化对象为 CFC-12 时，实验结果表明，MoO_3-MgO/ZrO_2 复合催化剂对 CFC-12 有较高的催化活性，水解温度达到 350℃时，水解率达到最大值(97.93%)；当催化对象为 HCFC-22 时，实验结果表明，MoO_3-MgO/ZrO_2 复合催化剂对 HCFC-22 有更高的催化活性，水解温度达到 350℃时，水解率达到最大值(98.88%)。

(5) 本章探究了水蒸气对催化水解 CFC-12 的影响，无水蒸气参与时，反应较难进行，CFC-12 水解率仅为 5.34%；水蒸气过多时，会影响水解温度的稳定，使 CFC-12 水解反应不能充分进行；实验结果表明，水蒸气为 30%时较为合适，CFC-12 的水解率为 97.93%。

(6) 考查了 MoO_3-MgO/ZrO_2 三元复合催化剂的使用寿命，在前 5 h 内出现了最高水解率 99.09%，连续反应 42 h 后氟利昂的水解率仍保持在 60%以上，表明催化剂具有一定的稳定性。

(7) 通过 SEM、EDS 和离子色谱分析水解产物，结果显示，产物是薄片状物质，仅含 C、O、F、Na 和 Cl 五种元素，进一步证实了产物为 HF、HCl 和 CO_2。

(8) 对催化剂进行 SEM 表征，MgO/ZrO_2 的 SEM 表征结果显示，该催化剂呈大小不均块状，轮廓清晰，表面无负载物；MoO_3/ZrO_2 的 SEM 表征结果显示，该催化剂粒径较小，表面负载较多絮状物；MoO_3-MgO/ZrO_2 的 SEM 表征结果显示，该催化剂结晶性较好，形貌呈块状，轮廓清晰，表面有少许负载物。综上所述，结合催化实验可知，负载于载体表面的活性成分含量影响催化剂的催化活性。

(9) 对催化剂进行 EDS 表征分析可知，MgO/ZrO_2 的元素组成为 O，Mg，Zr；MoO_3/ZrO_2 的元素组成为 O，Zr，Mo；MoO_3-MgO/ZrO_2 的元素组成为 O，Mg，Zr，Mo。EDS 表征结果说明了所合成的催化剂较纯，在制备过程中未引入其他杂质。

(10) 对催化剂进行 XRD 表征可知，MgO/ZrO_2 的结晶性良好，催化剂呈立方晶相；MoO_3/ZrO_2 的结晶度较好，催化剂呈立方晶相，当 MoO_3 含量小于 20%时，MoO_3 的特征衍射峰没有出现在 XRD 图谱上；MoO_3-MgO/ZrO_2 的结晶度降低但分散性提高，晶粒的尺寸减小。

(11) 对催化剂进行 XRF 分析得出，MgO/ZrO_2 催化剂由 3.082%的 MgO 与 96.918%的 ZrO_2 组成；MoO_3/ZrO_2 催化剂由 14.789%的 MoO_3 和 85.211%的 ZrO_2 组成，同时验证了 XRD 图谱中，因 MoO_3 含量为 14.789%，少于 20%，不能检测到 MoO_3 的特征衍射峰。

(12) 对催化剂进行 BET 表征，结果显示，MgO/ZrO_2 催化剂为介孔结构，比表面积与孔体积较小，分别为 114.27 m^2/g 和 26.254 cm^3/g；MoO_3/ZrO_2 为介孔结构，其比表面积为 163.02 m^2/g，孔体积为 37.454 cm^3/g；MoO_3-MgO/ZrO_2 催化剂也为介孔结构，比表面积为 1148.4 m^2/g，总孔体积为 263.85 cm^3/g。这说明较大的比表面积和孔体积有利于活性组分 MgO 和 MoO_3 均匀分散在 ZrO_2 孔道的内、外表面，且能较好地维持载体 ZrO_2 原有的孔道结构。结合实验分析，比表面积较大的催化剂，更有利于活性组分的负载和催化剂与反应气体的接触，从而获得更高的催化活性。

(13) 对催化剂进行 NH_3-TPD 分析，NH_3-TPD 曲线图表明，MoO_3-MgO/ZrO_2 催化剂表面有三个酸位中心，两个为弱酸，一个为中强酸，分别为 T_M=44℃和 T_M=99℃的两个弱酸中心，T_M=220℃的一个中强酸中心，且根据峰面积可知中强酸酸量大于弱酸酸量。

第5章　锆基固体酸碱 MoO_3(MgO)/ZrO_2 催化水解 HCFC-22 和 CFC-12 的等效性和同一性

5.1　实验仪器及方法

5.1.1　实验仪器及试剂

实验所需仪器及试剂见表 5.1 和表 5.2。

表 5.1　主要仪器

仪器名称	型号	生产厂家
高温水平管式炉	LINDBERG BLUE M	赛默飞世尔科技(中国)有限公司
质量流量控制器	D07	北京七星华创精密电子科技有限责任公司
质量流量显示仪	D08-4F	北京七星华创精密电子科技有限责任公司
电子天平	AR224CN	奥豪斯仪器(上海)有限公司
数显智能控温磁力搅拌器	SZCL-2	巩义市予华仪器有限责任公司
集热式恒温加热磁力搅拌器	DF-101S	巩义市予华仪器有限责任公司
循环水式真空泵	SHZ-D(III)	巩义市予华仪器有限责任公司
电热恒温干燥箱	WHL-45B	天津市泰斯特仪器有限公司
马弗炉	Carbolite CWF 11/5	上海上碧实验仪器有限公司
石英管	Φ3 mm×120 cm	自制
气体采样袋	0.2 L	大连海得科技有限公司
气相色谱与质谱联用仪	ThermoFisher(ISQ)	赛默飞世尔科技(中国)有限公司
色谱柱	260F142P	赛默飞世尔科技(中国)有限公司
X 射线衍射仪	D8 Advance	德国 Bruker 公司
气体吸附仪	Belsorp-max II	日本麦奇克拜尔有限公司
全自动化学吸附仪	DAS-7200	湖南华思仪器有限公司
傅里叶变换红外光谱仪	Nicolet iS10	赛默飞世尔科技(中国)有限公司

表 5.2　主要试剂

试剂名称	等级	生产厂家
$CHClF_2$	—	浙江巨化股份有限公司
CCl_2F_2	—	浙江巨化股份有限公司
N_2	99.99%	昆明广瑞达气体有限责任公司

续表

试剂名称	等级	生产厂家
$ZrOCl_2·8H_2O$	AR	国药集团化学试剂有限公司
$Mg(NO_3)_2·6H_2O$	AR	天津市风船化学试剂科技有限公司
$(NH_4)_6Mo_7O_{24}·4H_2O$	AR	天津市风船化学试剂科技有限公司
氨水	25%	广东光华科技股份有限公司
NaOH	AR	成都金山化学试剂有限公司
SiO_2	AR	天津市风船化学试剂科技有限公司
$AgNO_3$	AR	广东光华科技股份有限公司

5.1.2　实验方法

1. 催化剂的制备

1) MoO_3/ZrO_2 的制备

配制 0.15 mol/L 的 $ZrOCl_2·8H_2O$ 溶液于 250 mL 烧杯中，水浴加热到 60℃并搅拌使其溶解，缓慢滴加 25%的氨水溶液直到 pH=9～10，继续在 60℃下搅拌 1 h，然后在室温下静置 12 h，抽滤洗涤，直到没有 Cl^-(用 0.1 mol/L 的 $AgNO_3$ 溶液检测)，所得滤饼在 110℃下干燥 12 h。将干燥好的滤饼研磨，在 0.5 mol/L 的 $(NH_4)_6Mo_7O_{24}·4H_2O$ 溶液中浸渍 4 h(ZrO_2 质量分数为 20%)，浸渍温度 80℃，过滤，将滤饼在 110℃下干燥 12 h，分别在 500℃、550℃、600℃、650℃、700℃下焙烧 3 h，研磨，制得 MoO_3/ZrO_2 催化剂。

2) MgO/ZrO_2 的制备

(1) 共沉淀法。

将 $ZrOCl_2·8H_2O$ 和 $Mg(NO_3)_2·6H_2O$ 按 n(Mg)∶n(Zr)=0.3∶1 配成 0.15 mol/L 的水溶液，水浴加热到 60℃并搅拌使其溶解，缓慢滴加 25%的氨水溶液直到 pH=9～10，继续在 60℃下搅拌 1 h，然后在室温下静置 12 h，抽滤洗涤，直到没有 Cl^-(用 0.1 mol/L 的 $AgNO_3$ 溶液检测)，所得滤饼在 110℃下干燥 12 h。分别在 500℃、600℃、700℃、800℃下焙烧 6 h，研磨，制得 MgO/ZrO_2 催化剂。

(2) 浸渍法。

配制 0.15 mol/L 的 $ZrOCl_2·8H_2O$ 溶液于 250 mL 烧杯中，水浴加热到 60℃并搅拌使其溶解，缓慢滴加 25%的氨水溶液直到 pH=9～10，继续在 60℃下搅拌 1 h，然后在室温下静置 12 h，抽滤洗涤，直到没有 Cl^-(用 0.1 mol/L 的 $AgNO_3$ 溶液检测)，所得滤饼在 110℃下干燥 12 h。将干燥好的滤饼研磨，在 0.5 mol/L 的 $Mg(NO_3)_2·6H_2O$ 溶液中浸渍 12 h[n(Mg)∶n(Zr)=0.3∶1]，浸渍温度 40℃，过滤，将滤饼在 110℃下干燥 12 h，分别在 500℃、600℃、700℃、800℃下焙烧 6 h，研

磨，制得 MgO/ZrO_2 催化剂。

2. 催化剂的表征

1) X 射线衍射(XRD)表征

样品的物相组成采用德国 Bruker D8 Advance 型 X 射线衍射仪进行测试，测试条件：Cu 靶，K_α 辐射源，2θ 范围为 10°～90°，扫描速率为 12°/min，步长为 0.01°/s，工作电压和工作电流分别为 40 kV、40 mA，λ=0.154178 nm。

2) N_2 等温吸附-脱附

样品的 N_2 吸附-脱附等温线、比表面积及孔径变化采用 Belsorp-max Ⅱ型气体吸附仪进行测定分析，高纯氮气作吸附介质，测试前样品在 200℃下真空处理 3 h，在 76.47 K(液氮)条件下进行静态氮吸附，BET 法计算比表面积，BJH 法计算孔容。

3) NH_3 程序升温脱附(NH_3-TPD)

样品的表面酸性通过 DAS-7200 高能动态吸附仪测得，将 0.1 g 样品装入石英 U 形管，于 200℃氮气(30 mL/min)中预处理 1 h，冷却至 50℃，并在该温度下通入氨气(30 mL/min)吸附 0.5 h，切换成氦气吹扫至信号稳定，以 10℃/min 的速率升温至 900℃，用气相色谱热导检测器(TCD)检测 NH_3 脱附信号。

4) CO_2 程序升温脱附(CO_2-TPD)

样品的表面碱性通过 DAS-7200 高能动态吸附仪测得，将 0.1 g 样品装入石英 U 形管，于 700℃氩气预处理 2 h，脱除表面的杂质，冷却至 30℃时吸附 CO_2 至饱和，然后通氩气吹扫 0.5 h，驱除表面物理吸附的 CO_2，最后以 10℃/min 的速率升温至 900℃，用 TCD 检测 CO_2 脱附信号。

3. 催化水解反应流程及装置

氟利昂的水解反应原理如下：

$$\text{CFCs} + \text{H}_2\text{O} \xrightarrow{\text{催化剂}} \text{CO} + \text{HF} + \text{HCl} \tag{5.1}$$

由以上反应可知，CFCs 的催化分解主要是在催化剂和水蒸气存在的条件下发生水解反应，生成 CO、HCl 和 HF。实验具体流程为：选用石英砂(主要成分为 SiO_2)作为催化剂填料载体，将 1.00 g 催化剂和 50 g 石英砂均匀填充于石英管中。模拟反应气体组成(%，摩尔分数)：4.0 CFCs，25.0 H_2O(g)，其余为 N_2。生成的酸性气体 HCl 和 HF 用碱液(NaOH 溶液)吸收，硅胶作为干燥剂。到达所需反应条件 10 min 后采样，采集的气体用气相色谱质谱联用仪(GC/MS)进行定性和定量分析，催化水解反应流程见图 2.1。

5.1.3　分析检测方法

采用 GC/MS 对气体进行定量和定性分析，检测条件为：进样口温度 80℃，柱温 35℃，保持 2 min，载气为高纯 He(He 浓度≥99.99%)，柱流速 1 mL/min，恒流模式，分流比 200∶1，质谱离子源为 EI，电子能量 70 eV，离子源温度 260℃，传输线温度 280℃，进样量 0.1 mL。色谱柱使用条件为：柱流速 1 mL/min，柱温 50℃保持 1 min，以 3.0℃/min 的速率升到 230℃，保持 20 min，以 3.0℃/min 的速率升到 300℃，保持 30 min，如此循环几次。在此条件下对气体进行定性和定量分析，催化水解效果用 CFCs 水解率来评价，其计算公式如式(2.5)所示。

5.2　固体酸(碱)MoO_3(MgO)/ZrO_2催化水解 HCFC-22(CFC-12)等效性

本节在查阅大量文献的基础上制备了固体酸MoO_3/ZrO_2和固体碱MgO/ZrO_2，并将其用来催化 $CHClF_2$(HCFC-22)和 CCl_2F_2(CFC-12)，固体酸 MoO_3/ZrO_2和固体碱 MgO/ZrO_2 都表现出了优良的催化活性。根据催化剂用量、水解产物和水解效果对固体酸 MoO_3/ZrO_2 催化水解 HCFC-22 和 CFC-12 等效性，与固体碱 MgO/ZrO_2催化水解 HCFC-22 和 CFC-12 等效性进行分析。

5.2.1　固体酸 MoO_3/ZrO_2 催化水解 HCFC-22 和 CFC-12 等效性研究

1. 固体酸 MoO_3/ZrO_2催化水解 HCFC-22

按 5.1.2 节的方法制备 MoO_3/ZrO_2催化剂，催化剂焙烧温度为 500℃、550℃、600℃、650℃、700℃，催化水解 HCFC-22，实验条件：固体酸 MoO_3/ZrO_2催化剂用量为 1.00 g，总流量 15 mL/min，气体组成(%，摩尔分数)：4.0 HCFC-22，25.0 H_2O(g)，其余为 N_2，以 50 g 石英砂为催化剂填充载体共同填充于石英管中，研究了 MoO_3/ZrO_2焙烧温度对 HCFC-22 水解的影响，结果如图 5.1 所示。

从图 5.1 中可以看出，催化剂焙烧温度对 HCFC-22 的水解率有较大的影响，HCFC-22 在中低温下主要发生水解反应，其反应如下：

$$CHClF_2 + H_2O \longrightarrow CO + HCl + HF \qquad (5.2)$$

随着催化水解温度的升高，HCFC-22 的水解率增大，这是因为 HCFC-22 的水解反应(5.2)为吸热反应，化学平衡向吸热反应方向移动即向右移动。其中 600℃焙烧的催化剂对 HCFC-22 的水解效果最好，在催化水解温度为 250℃时 HCFC-22 的水解率便达到了 99.99%，700℃焙烧的催化剂对 HCFC-22 的水解效果较差，在催化水解温度为 250℃时 HCFC-22 的水解率只有 83.52%。由此可见，催化剂的焙烧温度过高或过低均不利于催化水解反应的进行，催化剂焙烧温度过高会造成催化剂表面出现烧结现象，催化剂焙烧温度过低不利于催化剂的成型。结合催化剂的 XRD、BET 和 NH_3-TPD 表征结果，焙烧温度较高会破坏催化剂的表面结构，造成催化剂比表面积大幅度下降，使其催化活性较低。当 MoO_3/ZrO_2 的焙烧温度为 600℃时，MoO_3/ZrO_2 的物相为四方相 ZrO_2，其比表面积和孔径适中并且弱酸含量较多，有利于提高催化剂的催化活性，从而使 HCFC-22 的水解率较高。

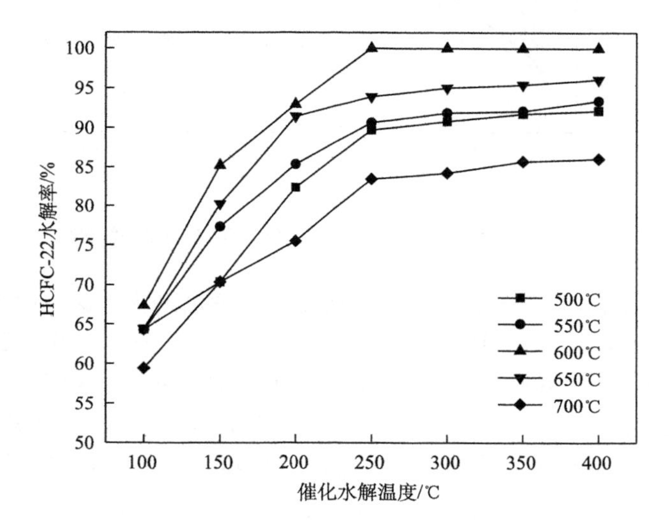

图 5.1　MoO_3/ZrO_2 催化剂焙烧温度对 HCFC-22 水解率的影响

2. 固体酸 MoO_3/ZrO_2 催化水解 CFC-12

按 5.1.2 节的方法制备了 MoO_3/ZrO_2 催化剂，催化剂焙烧温度为 500℃、550℃、600℃、650℃、700℃，催化水解 CFC-12，实验条件：固体酸 MoO_3/ZrO_2 催化剂用量为 1.00 g，总流量 15 mL/min，气体组成(%，摩尔分数)：4.0 CFC-12，25.0 H_2O(g)，其余为 N_2，以 50 g 石英砂为催化剂填充载体共同填充于石英管中，研究了 MoO_3/ZrO_2 催化剂焙烧温度对 CFC-12 水解率的影响，结果如图 5.2 所示。

从图 5.2 中可以看出，催化剂焙烧温度对 CFC-12 水解率有较大的影响，CFC-12 在中低温下主要发生水解反应，其反应如下：

$$CCl_2F_2 + H_2O \longrightarrow CO + HCl + HF \tag{5.3}$$

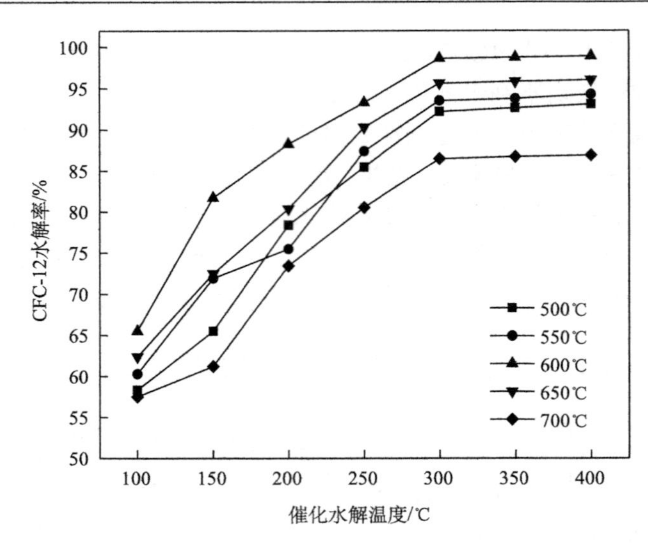

图 5.2　MoO_3/ZrO_2 催化剂焙烧温度对 CFC-12 水解率的影响

随着催化水解温度的升高，CFC-12 的水解率逐渐增大，这是由于 CFC-12 的水解反应(5.3)为吸热反应，升高催化水解温度时，化学平衡向吸热反应方向移动即平衡向右移动。其中 600℃焙烧的催化剂对 CFC-12 的催化水解效果最好，在催化水解温度为 300℃时 CFC-12 的水解率达到 98.61%，700℃焙烧的催化剂对 CFC-12 的水解效果较差，在催化水解温度为 400℃时 CFC-12 的水解率仅为 86.91%。与催化水解 HCFC-22 相比，催化水解 CFC-12 达到更高的水解率所需的催化水解温度更高，因为 HCFC-22 中含有一个 H，而 CFC-12 中的 H 全部被卤素原子取代，F、Cl 的电负性大于 H，使得 HCFC-22 的极性大于 CFC-12，H_2O 为极性分子，根据相似相溶原理，HCFC-22 比 CFC-12 更容易发生水解反应。催化剂的焙烧温度过高造成催化剂烧结，破坏了催化剂的表面结构，使其催化活性降低，当 MoO_3/ZrO_2 的焙烧温度为 600℃时，MoO_3/ZrO_2 的物相为四方相 ZrO_2，比表面积和孔径适中并且弱酸含量较多，有利于提高催化剂的催化活性，从而使 CFC-12 的水解率较高。

3. 固体酸 MoO_3/ZrO_2 表征

1) X 射线衍射(XRD)表征

按 5.1.2 节的方法制备 MoO_3/ZrO_2 催化剂，对催化剂进行 XRD 表征。图 5.3 为不同焙烧温度制备的 MoO_3/ZrO_2 的 XRD 图谱。

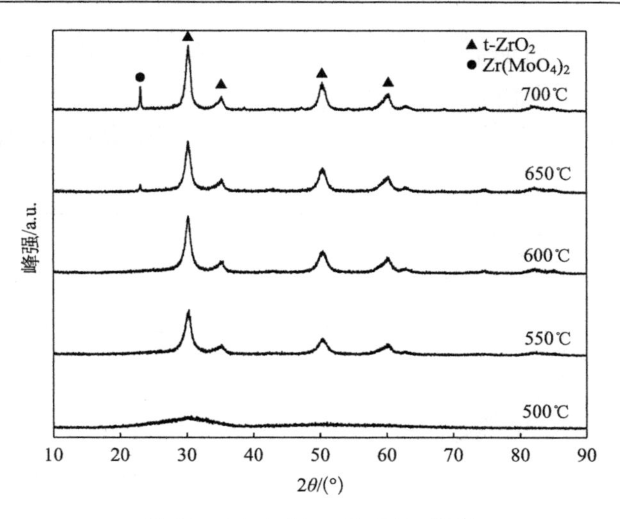

图 5.3　MoO_3/ZrO_2 的 XRD 图谱

由图 5.3 可知，经 500℃焙烧的催化剂样品的衍射峰比较弱，经 550℃和 600℃焙烧的催化剂样品在 30.3 °、35.3 °、50.4 °、60.3 °处出现了较为明显的特征峰，归属于 ZrO_2 的四方相，且随着焙烧温度的升高衍射峰的强度增强，说明其晶化程度得到进一步提高。在焙烧温度为 650℃和 700℃时，在 2θ 为 23.1°处出现了 $Zr(MoO_4)_2$ 物相，且随着焙烧温度的升高 $Zr(MoO_4)_2$ 物相的特征峰增强，这是由于高温焙烧后 MoO_3 与 $Zr(OH)_4$ 发生反应生成 $Zr(MoO_4)_2$[89]，并未出现 MoO_3 的衍射峰，说明催化剂中 MoO_3 以无定形形态高度分散在 ZrO_2 表面或者渗透到 ZrO_2 的骨架中[90]。

2) N_2 等温吸附-脱附

按 5.1.2 节的方法制备 MoO_3/ZrO_2 催化剂，对 MoO_3/ZrO_2 进行 N_2 等温吸附-脱附表征。表 5.3 为固体酸 MoO_3/ZrO_2 的比表面积、平均孔径和总孔容。

表 5.3　固体酸 MoO_3/ZrO_2 的比表面积、平均孔径和总孔容

焙烧温度	比表面积/(m^2/g)	平均孔径/nm	总孔容/(cm^3/g)
500℃	183.710	2.41	0.2240
600℃	95.972	2.13	0.1362
700℃	63.585	3.12	0.1251

由表 5.3 可知，随着焙烧温度的升高，催化剂的比表面积和总孔容均逐渐减小，而平均孔径先减小后增大，随着焙烧温度的升高其比表面积下降较为剧烈，由 500℃的 183.710 m^2/g 下降到 700℃的 63.585 m^2/g，说明催化剂有一定程度的烧结。结合催化水解效果，600℃焙烧的 MoO_3/ZrO_2 催化剂对 HCFC-22 和 CFC-12

的水解效果均较好，说明催化剂适宜的比表面积有利于催化水解反应的进行。

3) NH_3 程序升温脱附（NH_3-TPD）

按 5.1.2 节的方法制备 MoO_3/ZrO_2 催化剂，对催化剂进行 NH_3-TPD 表征。结果如图 5.4 所示。

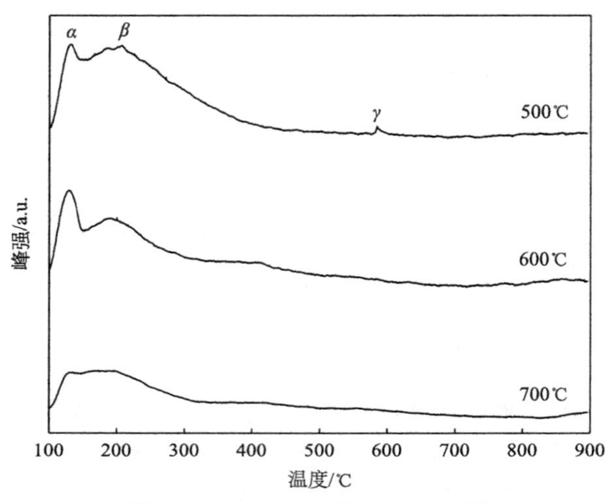

图 5.4　MoO_3/ZrO_2 的 NH_3-TPD 图

由图 5.4 可知，500℃焙烧的 MoO_3/ZrO_2 催化剂有 3 个 NH_3 脱附峰（α、β 和 γ），分别对应弱酸位脱附峰、中强酸位脱附峰和强酸位脱附峰[91]。NH_3 脱附温度为 100～150℃、200～230℃、500～700℃，NH_3 脱附峰面积的大小与样品吸附的 NH_3 量成正比，γ 脱附峰较弱，说明其强酸含量较少，600℃焙烧的 MoO_3/ZrO_2 催化剂的 α 脱附峰最强，说明其弱酸含量最多，700℃焙烧的 MoO_3/ZrO_2 催化剂的 α 脱附峰最弱，说明其弱酸含量最少。前面实验研究表明，600℃焙烧的 MoO_3/ZrO_2 催化剂催化水解 HCFC-22 效果最佳，700℃最差，结合 NH_3-TPD 表征结果，固体酸 MoO_3/ZrO_2 催化水解 HCFC-22 时，弱酸位也有很强的催化活性，由 NH_3-TPD 表征结果还可以得出，焙烧温度对催化剂酸性种类有较大影响，600℃和 700℃焙烧的 MoO_3/ZrO_2 催化剂的 γ 脱附峰消失，可能是由于较高的焙烧温度不利于强酸位的形成。

4. MoO_3/ZrO_2 催化水解 HCFC-22 和 CFC-12 等效性研究

按 5.1.2 节的方法制备 MoO_3/ZrO_2 催化剂，根据上述分析结果选取对 HCFC-22 和 CFC-12 催化水解效果较好的催化剂各 3 个，图 5.5 为选取的不同焙烧温度的固体酸 MoO_3/ZrO_2 催化水解 HCFC-22 和 CFC-12 的曲线图。

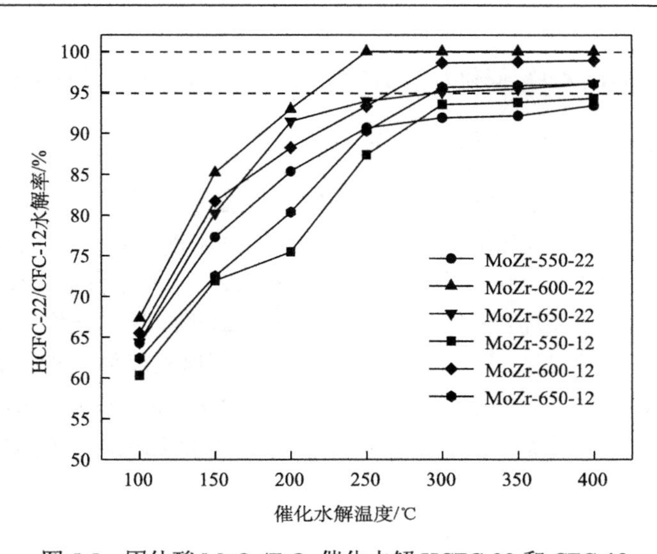

图 5.5　固体酸 MoO_3/ZrO_2 催化水解 HCFC-22 和 CFC-12

MoO_3/ZrO_2 对 HCFC-22 的水解记为 MoZr-*T*-22，*T* 为焙烧温度；MoO_3/ZrO_2 对 CFC-12 的水解记为 MoZr-*T*-12，*T* 为焙烧温度

从催化剂用量、水解产物和水解效果三个方面进行等效性分析，催化剂制备条件(焙烧温度和焙烧时间)、催化水解条件(水解温度及 HCFC-22 和 CFC-12 浓度)和催化剂表征结果(物相组成、比表面积和 NH_3 吸附量)作为等效性观测点，总结得出固体酸 MoO_3/ZrO_2 催化水解 HCFC-22 和 CFC-12 的等效性，结果如表 5.4 所示。由表 5.4 可以看出，固体酸 MoZr-600-3(MoZr-*T*-*t*，*T* 为焙烧温度，*t* 为焙烧时间)，在催化水解温度为 300～400℃时，HCFC-22 和 CFC-12 的水解率都为 95%～100%，催化剂用量均为 1.00 g，水解产物都为 CO、HCl 和 HF，水解较为彻底，具有等效性。

表 5.4　固体酸 MoO_3/ZrO_2 催化水解 HCFC-22 和 CFC-12 等效性

等效性观测点		催化 HCFC-22	催化 CFC-12
催化剂制备条件	焙烧温度/℃	600	600
	焙烧时间/h	3	3
催化水解条件	水解温度/℃	250～400	300～400
	HCFC-22/CFC-12 浓度/%	4	4
水解产物		CO、HCl、HF	CO、HCl、HF
表征结果	物相组成	t-ZrO_2	t-ZrO_2
	比表面积/(m^2/g)	95.972	95.972
	NH_3 吸附量/(mmol/g)	0.58476	0.58476

5.2.2 固体碱 MgO/ZrO_2 催化水解 HCFC-22 和 CFC-12 等效性研究

1. 固体碱 MgO/ZrO_2 催化水解 HCFC-22

1) MgO/ZrO_2 催化剂焙烧温度对 HCFC-22 水解的影响

按 5.1.2 节的方法(共沉淀法)制备 MgO/ZrO_2 催化剂，催化剂焙烧温度为 500℃、600℃、700℃、800℃，催化水解 HCFC-22。实验条件：固体碱 MgO/ZrO_2 催化剂用量为 1.00 g，总流量 15 mL/min，气体组成(%，摩尔分数)：4.0 HCFC-22，25.0 H_2O(g)，其余为 N_2，以 50 g 石英砂为催化剂填充载体填充于石英管中，研究了 MgO/ZrO_2 催化剂(共沉淀法)焙烧温度对 HCFC-22 水解的影响。图 5.6 为共沉淀法制备的不同焙烧温度的固体碱 MgO/ZrO_2 催化剂对 HCFC-22 的催化水解效果。

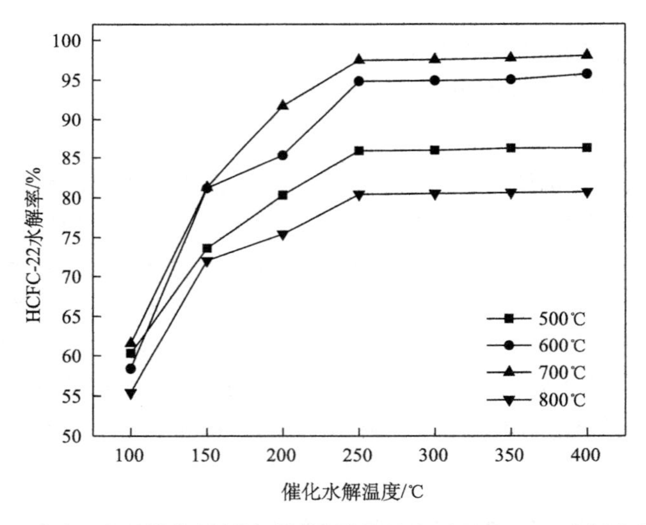

图 5.6　MgO/ZrO_2 催化剂(共沉淀法)焙烧温度对 HCFC-22 水解率的影响

由图 5.6 可知，焙烧温度对 HCFC-22 的水解有着较大的影响，700℃焙烧的催化剂对 HCFC-22 的催化水解效果最好，在催化水解温度为 400℃时，HCFC-22 的水解率达到 98.03%，800℃焙烧的催化剂，在催化水解温度为 400℃时，HCFC-22 为 80.69%。随着催化水解温度的升高，HCC-22 的水解率均逐渐增大，在 250℃基本达到最高水解率，继续升高水解温度，HCC-22 水解率变化不明显。结合催化剂 XRD 和 BET 表征结果，在焙烧温度为 700℃时，催化剂的 ZrO_2 衍射峰峰形尖锐，有适中的比表面积和孔径，从而表现出较好的催化水解效果。

按 5.1.2 节的方法(浸渍法)制备 MgO/ZrO_2 催化剂，催化剂焙烧温度为 500℃、

600℃、700℃、800℃，催化水解 HCFC-22。实验条件：固体碱 MgO/ZrO_2 催化剂用量为 1.00 g，总流量 15 mL/min，气体组成(%，摩尔分数)：4.0 HCFC-22，25.0 $H_2O(g)$，其余为 N_2，以 50 g 石英砂为催化剂填充载体填充于石英管中，研究了 MgO/ZrO_2 催化剂(浸渍法)焙烧温度对 HCFC-22 水解率的影响。图 5.7 为浸渍法制备的不同焙烧温度的固体碱 MgO/ZrO_2 催化剂对 HCFC-22 的催化水解效果。

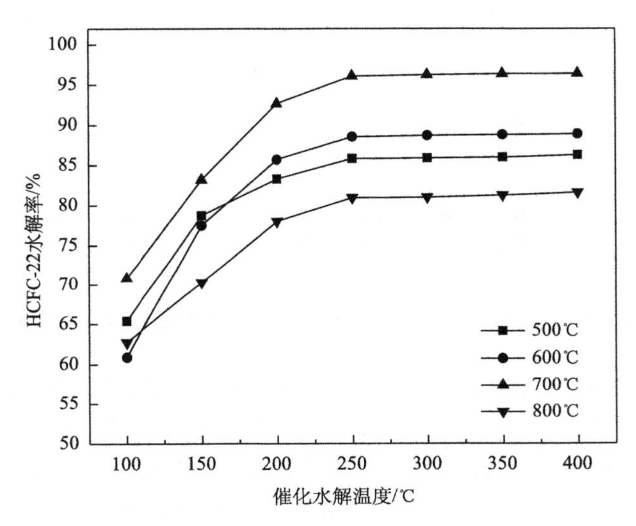

图 5.7　MgO/ZrO_2 催化剂(浸渍法)焙烧温度对 HCFC-22 水解率的影响

由图 5.7 可知，浸渍法制备的催化剂对 HCFC-22 的催化水解效果与共沉淀法制备的催化剂对 HCFC-22 的催化水解效果基本保持一致，700℃焙烧的催化剂在催化水解温度为 400℃时，HCFC-22 的水解率达到 96.41%，800℃焙烧的催化剂，在催化水解温度为 400℃时，HCFC-22 的水解率为 81.62%，催化剂焙烧温度过高或过低均不利于催化水解反应的进行。结合催化剂 XRD 和 BET 表征结果，在焙烧温度为 700℃时，催化剂的 ZrO_2 衍射峰峰形尖锐，有适中的比表面积和孔径，从而使 HCFC-22 的水解率较高。

2) MgO/ZrO_2 催化剂制备方法对 HCFC-22 水解的影响

按 5.1.2 节的方法制备 MgO/ZrO_2 催化剂，催化剂焙烧温度为 700℃，催化水解 HCFC-22。实验条件：固体碱 MgO/ZrO_2 催化剂用量为 1.00 g，总流量 15 mL/min，气体组成(%，摩尔分数)：4.0 HCFC-22，25.0 $H_2O(g)$，其余为 N_2，以 50 g 石英砂为催化剂填充载体填充于石英管中，研究了 MgO/ZrO_2 催化剂制备方法对 HCFC-22 水解率的影响，结果如图 5.8 所示。

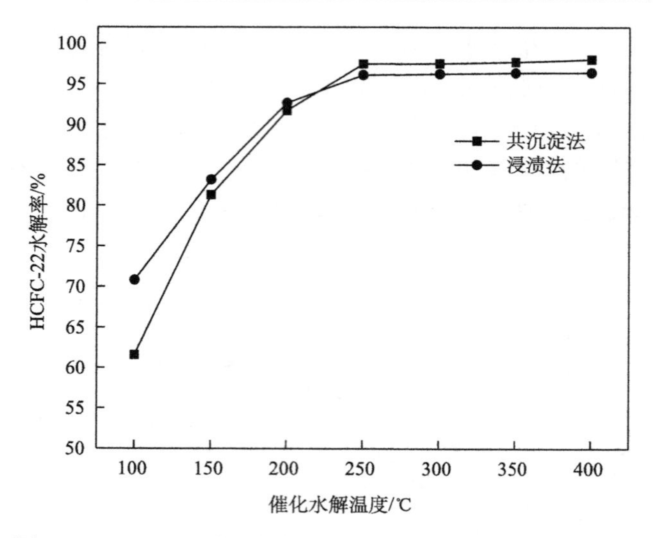

图 5.8　MgO/ZrO_2 催化剂制备方法对 HCFC-22 水解率的影响

由图 5.8 可知，两种方法制备的催化剂对 HCFC-22 的水解率在水解温度为250℃时基本达到稳定，共沉淀法制备的固体碱 MgO/ZrO_2 催化剂在水解温度为250～400℃时对 HCFC-22 的催化水解效果更好，在水解温度为 250℃时，HCFC-22 的水解率便达到 97.46%，结合催化剂 XRD 和 BET 表征结果，共沉淀法制备的催化剂以 t-ZrO_2 的形式存在，而浸渍法制备的催化剂以 t-ZrO_2 和 m-ZrO_2 的形式存在，可能是由于四方相 ZrO_2 可以促进催化水解反应的进行，共沉淀法制备的 MgO/ZrO_2 催化剂有较大的比表面积和适中的孔径及总孔容，从而有较好的催化水解效果。

2. 固体碱 MgO/ZrO_2 催化水解 CFC-12

1) MgO/ZrO_2 催化剂焙烧温度对 CFC-12 水解的影响

按 5.1.2 节的方法(共沉淀法)制备 MgO/ZrO_2 催化剂，催化剂焙烧温度为500℃、600℃、700℃、800℃，催化水解 CFC-12。实验条件：固体碱 MgO/ZrO_2 催化剂用量为 1.00 g，总流量 15 mL/min，气体组成(%，摩尔分数)：4.0 CFC-12，25.0 H_2O(g)，其余为 N_2，以 50 g 石英砂为催化剂填料载体填充于石英管中，研究了 MgO/ZrO_2 催化剂(共沉淀法)焙烧温度对 CFC-12 水解的影响。图 5.9 为共沉淀法制备的不同焙烧温度的固体碱 MgO/ZrO_2 催化剂对 CFC-12 的催化水解效果。

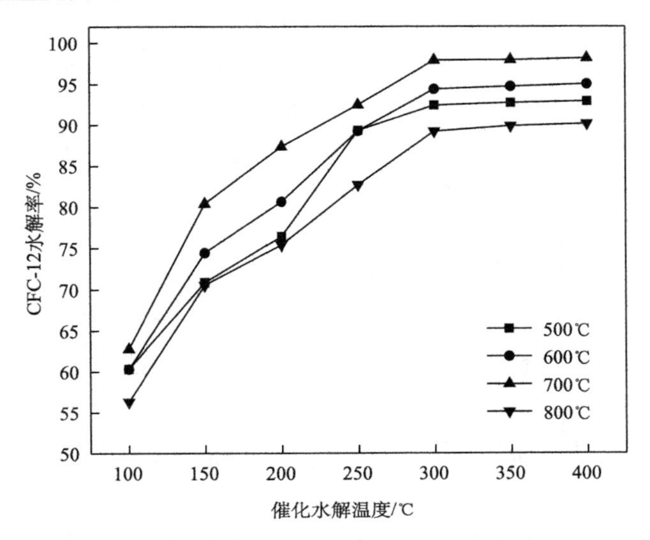

图 5.9　MgO/ZrO_2 催化剂(共沉淀法)焙烧温度对 CFC-12 水解率的影响

由图 5.9 可知，700℃焙烧的催化剂对 CFC-12 的催化水解效果最好，在催化水解温度为 400℃时，CFC-12 的水解率达到 98.13%，并且随着催化水解温度的升高，CFC-12 的水解率均逐渐增大，在催化水解温度为 300～400℃时，CFC-12 的水解率基本达到稳定。结合催化剂 XRD 和 BET 表征结果，在催化剂焙烧温度为 700℃时，催化剂的 ZrO_2 衍射峰峰形尖锐，有适中的比表面积和孔径，从而表现出较好的催化水解效果，使得 CFC-12 水解率较高。

按 5.1.2 节的方法(浸渍法)制备 MgO/ZrO_2 催化剂，催化剂焙烧温度为 500℃、600℃、700℃、800℃，催化水解 CFC-12。实验条件：固体碱 MgO/ZrO_2 催化剂用量为 1.00 g，总流量 15 mL/min，气体组成(%，摩尔分数)：4.0 CFC-12，25.0 H_2O(g)，其余为 N_2，以 50 g 石英砂为催化剂填料载体填充于石英管中，研究了 MgO/ZrO_2 催化剂(浸渍法)焙烧温度对 CFC-12 水解的影响。图 5.10 为浸渍法制备的不同焙烧温度的固体碱 MgO/ZrO_2 催化剂对 CFC-12 的催化水解效果。

由图 5.10 可知，浸渍法制备的固体碱 MgO/ZrO_2 催化剂对 CFC-12 的催化水解效果趋势与共沉淀法制备的固体碱 MgO/ZrO_2 催化剂对 CFC-12 的催化水解效果保持一致，700℃焙烧的催化剂在催化水解温度为 300℃时，CFC-12 的水解率已经达到 99%以上，继续升高催化水解温度，CFC-12 的水解率保持缓慢增长，催化剂焙烧温度过高或过低均不利于催化水解反应的进行。结合催化剂 XRD 和 BET 表征结果，在焙烧温度为 700℃时，催化剂的 ZrO_2 衍射峰峰形尖锐，有适中的比表面积和孔径，从而使得 HCFC-22 有较高的水解率。

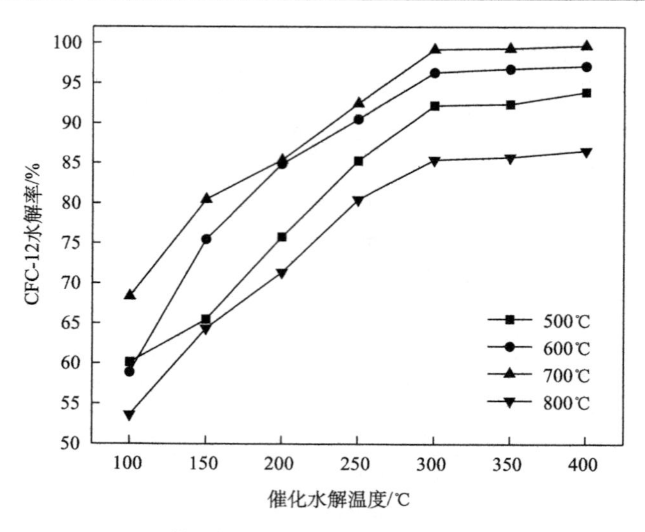

图 5.10　MgO/ZrO_2 催化剂(浸渍法)焙烧温度对 CFC-12 水解率的影响

2) MgO/ZrO_2 催化剂制备方法对 CFC-12 水解的影响

按 5.1.2 节的方法制备 MgO/ZrO_2 催化剂，催化剂焙烧温度为 700℃，催化水解 CFC-12。实验条件：固体碱 MgO/ZrO_2 催化剂用量为 1.00 g，总流量 15 mL/min，气体组成(%，摩尔分数)：4.0 CFC-12，25.0 H_2O(g)，其余为 N_2，以 50 g 石英砂为催化剂填料载体填充于石英管中，研究了 MgO/ZrO_2 催化剂制备方法对 CFC-12 水解的影响。实验结果如图 5.11 所示。

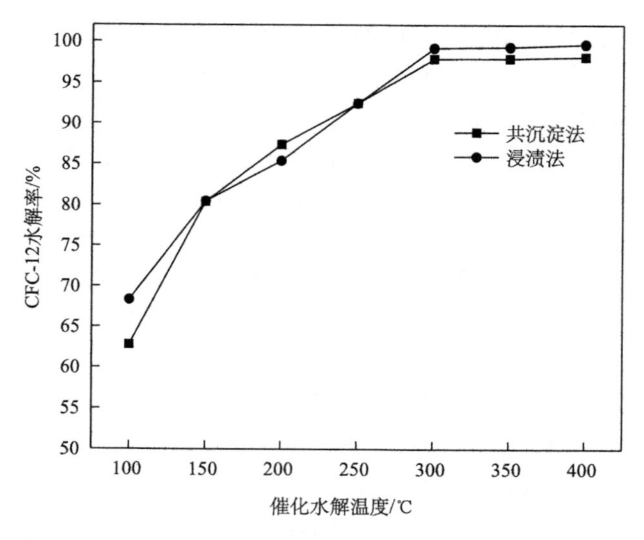

图 5.11　MgO/ZrO_2 催化剂制备方法对 CFC-12 水解率的影响

由图 5.11 可知，两种方法制备的催化剂对 CFC-12 的水解率在水解温度为 300℃时基本达到稳定。浸渍法制备的固体碱 MgO/ZrO_2 催化剂在水解温度为 300～400℃时对 CFC-12 的催化水解效果更好，在水解温度为 300℃时，CFC-12 的水解率便达到 99.21%，共沉淀法制备的固体碱 MgO/ZrO_2 催化剂在水解温度为 300℃时，CFC-12 的水解率为 97.89%，与浸渍法仅相差 1.32 个百分点，说明 MgO/ZrO_2 催化剂制备方法对 CFC-12 水解率的影响比较小。

3. 固体碱 MgO/ZrO_2 表征

1) X 射线衍射(XRD)表征

按 5.1.2 节的方法(共沉淀法)制备 MgO/ZrO_2 催化剂，对催化剂进行 XRD 表征。图 5.12 为共沉淀法制备的不同焙烧温度的固体碱 MgO/ZrO_2 的 XRD 图谱。

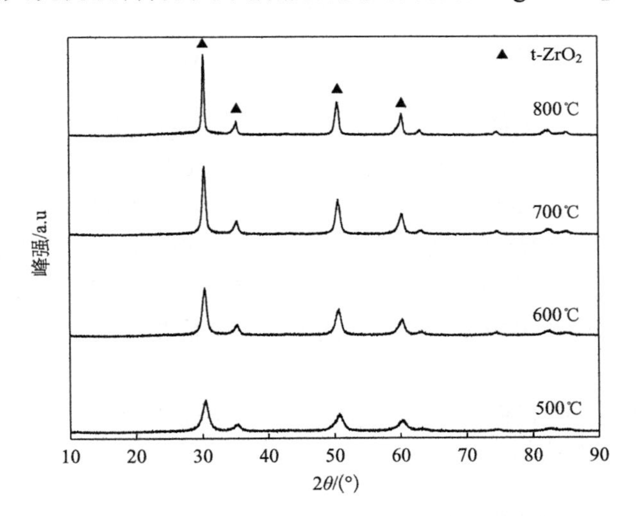

图 5.12　MgO/ZrO_2(共沉淀法)的 XRD 图谱

由图 5.12 可知，以共沉淀法制备的不同焙烧温度的 MgO/ZrO_2 中的 ZrO_2 以 t-ZrO_2 的形式存在，均未检测到 MgO 的衍射峰，说明 MgO 以无定形的形式存在，通过共沉淀法加入 $Mg(NO_3)_2·6H_2O$，Mg^{2+}进入 ZrO_2 的晶格取代了 Zr^{4+}的位置，形成 MgO/ZrO_2 固溶体。随着焙烧温度的升高，ZrO_2 的衍射峰变得比较尖锐，衍射峰增强的程度较弱，可知催化剂的表面烧结程度较弱，随着催化剂焙烧温度的升高，催化剂的比表面积逐渐下降，这与 BET 表征结果相符。

按 5.1.2 节的方法(浸渍法)制备 MgO/ZrO_2 催化剂，对催化剂进行 XRD 表征。图 5.13 为浸渍法制备的不同焙烧温度的固体碱 MgO/ZrO_2 的 XRD 图谱。

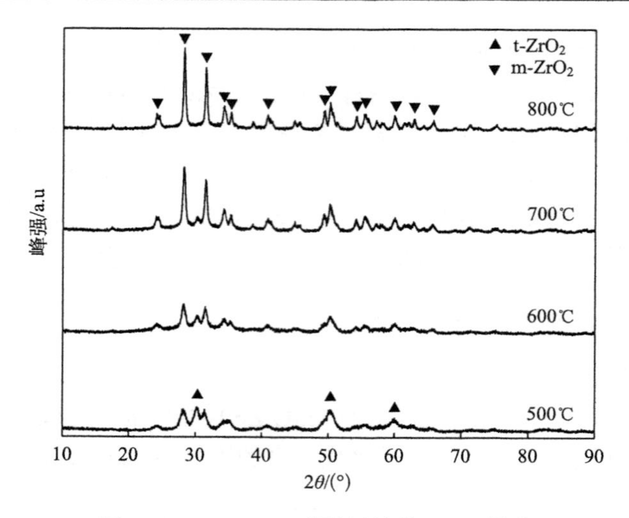

图 5.13 MgO/ZrO_2(浸渍法)的 XRD 图谱

由图 5.13 可知，当催化剂的焙烧温度为 500℃时，ZrO_2 的晶相为 t-ZrO_2 和 m-ZrO_2 的混合状态，并且衍射峰强度都比较弱，其中四方相 ZrO_2 占优势，随着焙烧温度的逐渐升高，单斜相 ZrO_2 逐渐突出，并且衍射峰越来越尖锐，表明催化剂样品发生一定程度的烧结，晶粒度变大，这与 MgO/ZrO_2 的 BET 表征结果相符。未检测到 MgO 的衍射峰，可能是浸渍法使得 $Mg(NO_3)_2·6H_2O$ 在二氧化锆表面均匀分布，焙烧后高温分解生成的 MgO 尚未达到其检测阈值。

2) N_2 等温吸附-脱附

按 5.1.2 节的方法制备了 MgO/ZrO_2 催化剂，对催化剂进行 N_2 等温吸附-脱附表征，结果如表 5.5 所示。

表 5.5 不同制备方法得到的固体碱 MgO/ZrO_2 的比表面积、平均孔径和总孔容

制备方法	焙烧温度/℃	比表面积/(m^2/g)	平均孔径/nm	总孔容/(cm^3/g)
共沉淀法	500	134.510	2.41	0.2367
	600	59.742	4.63	0.2162
	700	34.411	6.94	0.1773
	800	14.514	14.1	0.1619
浸渍法	500	85.597	3.55	0.2322
	600	51.709	6.06	0.1966
	700	30.844	6.06	0.1702
	800	20.330	9.21	0.1666

由表 5.5 可知，随着 MgO/ZrO_2 焙烧温度的升高，MgO/ZrO_2 的比表面积和总孔容逐渐减小，而平均孔径依次增大，共沉淀法制备的催化剂的比表面积相对浸渍法有了较大提高，在焙烧温度为 500℃时其比表面积高达 134.510 m^2/g。但随着焙烧温度的升高其比表面积下降较为剧烈，说明催化剂有一定程度的烧结。结合 XRD 表征结果，随着焙烧温度的升高，衍射峰的强度有一定程度的增强，衍射峰强度的增强使得 800℃焙烧的催化剂的比表面积较 500℃降低了 119.996 m^2/g。浸渍法制备的催化剂的比表面积随着焙烧温度的升高下降较为缓慢。结合 XRD 表征结果，随着催化剂焙烧温度的升高，单斜相 ZrO_2 占主要优势，并且衍射峰越来越尖锐，晶化程度增加，晶粒度变大，可知 ZrO_2 晶相的转变以及催化剂表面的烧结使得催化剂比表面积逐渐下降。

3）CO_2 程序升温脱附（CO_2-TPD）

按 5.1.2 节的方法（共沉淀法）制备 MgO/ZrO_2 催化剂，对催化剂进行 CO_2-TPD 表征。图 5.14 为共沉淀法制备的不同焙烧温度的固体碱 MgO/ZrO_2 的 CO_2-TPD 图。

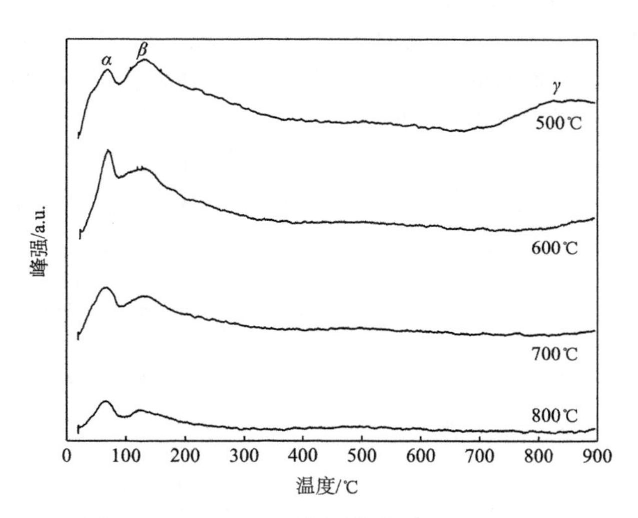

图 5.14　MgO/ZrO_2（共沉淀法）的 CO_2-TPD 图

由图 5.14 可知，MgO/ZrO_2 催化剂的 CO_2 脱附峰可分为三种：α 峰（50～100℃）、β 峰（100～200℃）、γ 峰（750～900℃）。脱附峰 α 和 β 峰类似于 ZrO_2 的 CO_2 脱附峰[92]，对应 ZrO_2 的表面碱性，且随着焙烧温度的升高，CO_2 的脱附量明显减少且脱附峰的位置略向低温方向移动。脱附峰 γ 的脱附温度与 MgO 的脱附温度接近，可归属于载体 ZrO_2 表面的 MgO 脱附峰。

按 5.1.2 节的方法（浸渍法）制备 MgO/ZrO_2 催化剂，对催化剂进行 CO_2-TPD 表征。图 5.15 为浸渍法制备的不同焙烧温度的固体碱 MgO/ZrO_2 的 CO_2-TPD 图。

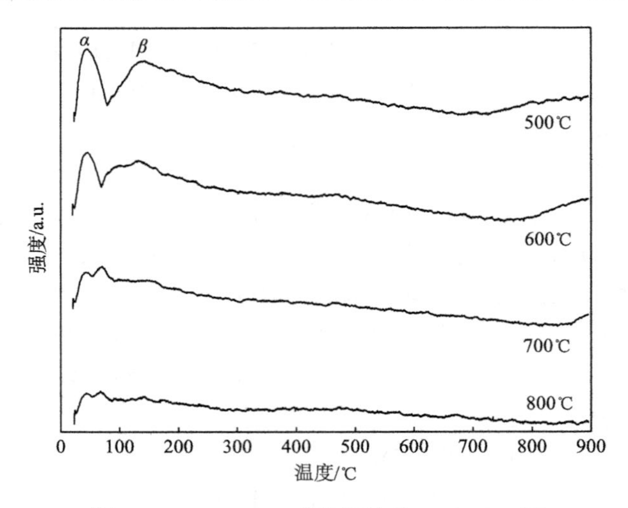

图 5.15　MgO/ZrO_2(浸渍法)的 CO_2-TPD 图

浸渍法制备的 MgO/ZrO_2 催化剂的 CO_2 脱附峰只有 ZrO_2 的 CO_2 脱附峰，且峰面积和峰强度均较弱，未见 γ 脱附峰。随着焙烧温度的升高，CO_2 的脱附量明显减少且少于共沉淀法制备的 MgO/ZrO_2 催化剂的 CO_2 脱附量，且与共沉淀法相比，浸渍法中 α 和 β 脱附峰的峰值均向低温方向移动。结合 XRD 表征结果，在浸渍法中 ZrO_2 晶相单斜相占主导而共沉淀法中 ZrO_2 晶相四方相占主导，四方相 ZrO_2 的碱度略强于单斜相，碱性越强，催化活性越高，这在上述催化水解效果中得到了验证。

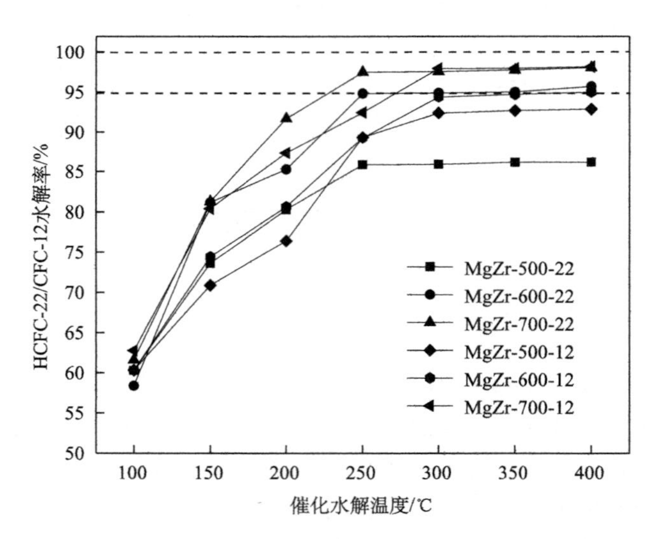

图 5.16　固体碱 MgO/ZrO_2(共沉淀法)催化水解 HCFC-22 和 CFC-12

MgO/ZrO_2 对 HCFC-22 的水解记为 MgZr-*T*-22，*T* 为焙烧温度；MgO/ZrO_2 对 CFC-12 的水解记为 MgZr-*T*-12，*T* 为焙烧温度

4. MgO/ZrO_2 催化水解 HCFC-22 和 CFC-12 等效性研究

按 5.1.2 节的方法(共沉淀法)制备 MgO/ZrO_2 催化剂，根据上述分析结果选取对 HCFC-22 和 CFC-12 催化水解效果较好的催化剂各 3 个，图 5.16 为共沉淀法制备的不同焙烧温度的固体碱 MgO/ZrO_2 催化剂催化水解 HCFC-22 和 CFC-12 的曲线图。

从催化剂用量、水解产物和水解效果进行等效性分析，催化剂制备条件(焙烧温度和焙烧时间)、催化水解条件(水解温度及 HCFC-22 和 CFC-12 浓度)和催化剂表征结果(物相组成、比表面积和 CO_2 吸附量)作为等效性观测点，总结得出固体碱 MgO/ZrO_2(共沉淀法)催化水解 HCFC-22 和 CFC-12 的等效性，列于表 5.6 中。

表 5.6　固体碱 MgO/ZrO_2(共沉淀法)催化水解 HCFC-22 和 CFC-12 等效性

等效性观测点		催化 HCFC-22		催化 CFC-12
催化剂制备条件	焙烧温度/℃	600	700	700
	焙烧时间/h	6	6	6
催化水解条件	水解温度/℃	350～400	250～400	300～400
	HCFC-22/CFC-12 浓度/%	4	4	4
水解产物		CO、HCl、HF	CO、HCl、HF	CO、HCl、HF
表征结果	物相组成	t-ZrO_2	t-ZrO_2	t-ZrO_2
	比表面积/(m^2/g)	59.742	34.411	34.411
	CO_2 吸附量/(mmol/g)	0.47256	0.63761	0.63761

由图 5.16 和表 5.6 可以看出，固体碱 MgZr-600-6-c(MgZr-*T*-*t*-c，*T* 为焙烧温度，*t* 为焙烧时间，c 为共沉淀法)，在水解温度为 350～400℃对 HCFC-22 的水解率和固体碱 MgZr-700-6-c 在催化水解温度为 300～400℃对 CFC-12 的水解率都为 95%～100%，催化剂用量均为 1.00 g，催化水解产物都为 CO、HCl 和 HF，水解较为彻底，具有等效性。

按 5.1.2 节的方法(浸渍法)制备 MgO/ZrO_2 催化剂，根据上述分析结果选取对 HCFC-22 和 CFC-12 催化水解效果较好的催化剂各 3 个，图 5.17 为浸渍法制备的不同焙烧温度的固体碱 MgO/ZrO_2 催化水解 HCFC-22 和 CFC-12 的曲线图。

从催化剂用量、水解产物和水解效果进行等效性分析，催化剂制备条件(焙烧温度和焙烧时间)、催化水解条件(水解温度及 HCFC-22 和 CFC-12 浓度)和催化剂表征结果(物相组成、比表面积和 CO_2 吸附量)作为等效性观测点，总结得出固体碱 MgO/ZrO_2(浸渍法)催化水解 HCFC-22 和 CFC-12 的等效性，见表 5.7。

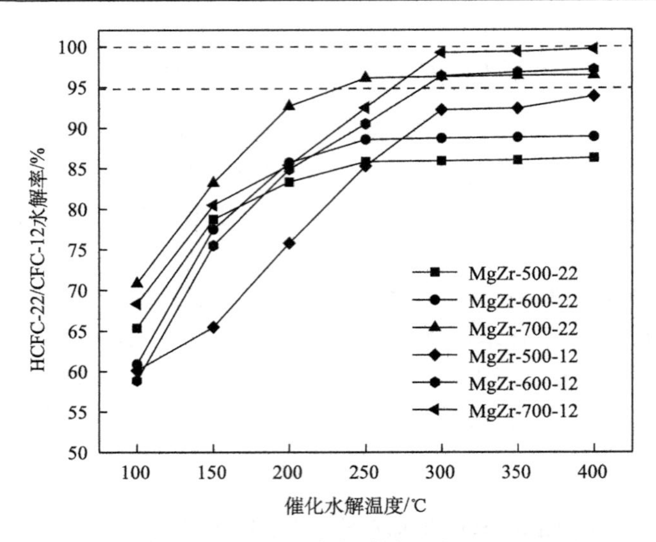

图 5.17　固体碱 MgO/ZrO_2(浸渍法)催化水解 HCFC-22 和 CFC-12

表 5.7　固体碱 MgO/ZrO_2(浸渍法)催化水解 HCFC-22 和 CFC-12 等效性

等效性观测点		催化 HCFC-22	催化 CFC-12	
催化剂制备条件	焙烧温度/℃	700	600	700
	焙烧时间/h	6	6	6
催化水解条件	水解温度/℃	250～400	300～400	300～400
	HCFC-22/CFC-12 浓度/%	4	4	4
水解产物		CO、HCl、HF	CO、HCl、HF	CO、HCl、HF
表征结果	物相组成	t-ZrO_2、m-ZrO_2	t-ZrO_2、m-ZrO_2	t-ZrO_2、m-ZrO_2
	比表面积/(m^2/g)	30.844	51.709	30.844
	CO_2 吸附量/(mmol/g)	0.54632	0.72854	0.54632

由图 5.17 和表 5.7 可以看出，固体碱 MgZr-700-6-i(MgZr-T-t-i，T 为焙烧温度，t 为焙烧时间，i 为浸渍法)在催化水解温度为 250～400℃对 HCFC-22 的水解率和固体碱 MgZr-600-6-i、MgZr-700-6-i 在催化水解温度为 300～400℃对 CFC-12 的水解率都为 95%～100%，催化剂用量均为 1.00 g，催化水解产物都为 CO、HCl 和 HF，水解较为彻底，具有等效性。

5.2.3　固体酸(碱)MoO_3(MgO)/ZrO_2 催化水解 HCFC-22(CFC-12)等效性对比

根据以上对固体酸 MoO_3/ZrO_2 和固体碱 MgO/ZrO_2 催化水解 HCFC-22 和 CFC-12 等效性分析可知，固体酸 MoZr-600-3 在催化水解温度为 300～400℃时，催化 HCFC-22 和 CFC-12 时具有等效性，固体碱 MgZr-600-6-c、MgZr-700-6-c 在

水解温度为 350～400℃时，对 HCFC-22 的水解和固体碱 MgZr-700-6-c 在水解温度为 300～400℃时对 CFC-12 的水解具有等效性，固体碱 MgZr-700-6-i 在水解温度为 250～400℃时对 HCFC-22 的水解和固体碱 MgZr-600-6-i、MgZr-700-6-i 在水解温度为 300～400℃时对 CFC-12 的水解具有等效性，固体酸和固体碱催化剂用量均为 1.00 g，催化水解产物都为 CO、HCl 和 HF，水解较为彻底。HCFC-22 和 CFC-12 浓度均为 4%，固体酸 MoZr 和固体碱 MgZr-c 的主要物相均为 t-ZrO_2，而 MgZr-i 的主要物相为 t-ZrO_2 和 m-ZrO_2。

5.3　固体酸(碱) $MoO_3(MgO)/ZrO_2$ 催化水解 HCFC-22(CFC-12) 同一性

固体酸 MoO_3/ZrO_2 和固体碱 MgO/ZrO_2 催化 HCFC-22 和 CFC-12 都表现出了优良的催化活性，本节根据水解产物、水解过程和水解效果，对固体酸(碱) $MoO_3(MgO)/ZrO_2$ 催化水解 HCFC-22 和 CFC-12 的同一性进行对比分析。

5.3.1　固体酸(碱) $MoO_3(MgO)/ZrO_2$ 催化水解 HCFC-22 的同一性研究

按 5.1.2 节的方法制备固体酸 MoO_3/ZrO_2 和固体碱 MgO/ZrO_2 催化剂，根据上述分析结果选取对 HCFC-22 催化水解效果较好的固体酸和固体碱共 6 种催化剂，图 5.18 为固体酸(碱) $MoO_3(MgO)/ZrO_2$ 催化水解 HCFC-22 的曲线图。

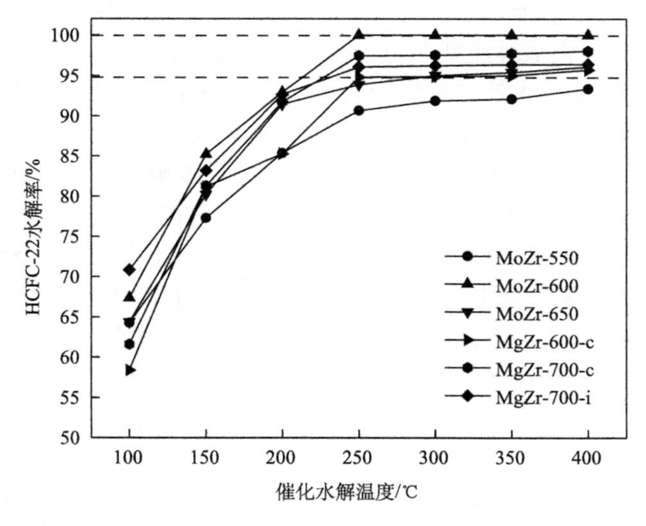

图 5.18　固体酸(碱) $MoO_3(MgO)/ZrO_2$ 对 HCFC-22 水解率

从水解产物、水解过程和水解效果进行同一性分析，催化剂制备条件(焙烧温度和焙烧时间)、催化水解条件(水解温度和 HCFC-22 浓度)和催化剂表征结果(物相组成、比表面积和 NH_3/CO_2 吸附量)作为同一性观测点，总结得出固体酸(碱) MoO_3 (MgO) /ZrO_2 催化水解 HCFC-22 的同一性，见表 5.8。

表 5.8 固体酸(碱) MoO_3 (MgO) /ZrO_2 催化水解 HCFC-22 同一性

同一性观测点		MoZr	MgZr-c		MgZr-i
催化剂制备条件	焙烧温度/℃	600	600	700	700
	焙烧时间/h	3	6	6	6
催化水解条件	水解温度/℃	250～400	350～400	250～400	250～400
	HCFC-22 浓度/%	4	4	4	4
水解产物		CO、HCl、HF	CO、HCl、HF	CO、HCl、HF	CO、HCl、HF
表征结果	物相组成	t-ZrO_2	t-ZrO_2	t-ZrO_2	t-ZrO_2、m-ZrO_2
	比表面积/(m^2/g)	95.972	59.742	34.411	30.844
	NH_3/CO_2 吸附量/(mmol/g)	0.58476	0.47256	0.63761	0.54632

由图 5.18 可知，固体酸 MoZr-600-3 和固体碱 MgZr-600-6-c、MgZr-700-6-c、MgZr-700-6-i，在催化水解温度为 350～400℃，HCFC-22 的水解率均达到 95%～100%。由表 5.8 可知，水解产物均为 CO、HCl 和 HF，水解过程相同，表明固体酸(碱) MoO_3 (MgO) /ZrO_2 催化水解 HCFC-22 具有同一性。

以前面固体酸 MoO_3/ZrO_2 对 HCFC-22 的催化水解实验和表征分析为依据。由 NH_3-TPD 表征可知，固体酸 MoO_3/ZrO_2 的 NH_3-TPD 图中存在弱酸位脱附峰、中强酸位脱附峰和强酸位脱附峰，MoO_3 在固体酸 MoZr 中不是以连续的晶相或单独地平铺在载体 ZrO_2 表面上，而是以一种相对比较强的相互作用力与 ZrO_2 骨架结合在一起形成强酸位，固体酸 MoO_3/ZrO_2 中存在 L 酸和 B 酸中心，HCFC-22 的分解主要是在水蒸气存在的条件下，在固体酸 MoO_3/ZrO_2 表面发生的水解反应，水蒸气的存在使得 MoO_3/ZrO_2 骨架结构上产生 B 酸中心，从而促使 HCFC-22 水解为 HCl 和 HF。

由前面固体碱 MgO/ZrO_2 对 HCFC-22 的催化水解实验和表征分析可知，MgO 与 ZrO_2 形成一种固溶体，是固体碱 MgO/ZrO_2 对 HCFC-22 有高催化活性的主要原因，也是 MgO/ZrO_2 产生强碱性的主要原因。当 MgO 与 ZrO_2 形成固溶体时，

Mg^{2+}进入 ZrO_2 的晶格进而取代 Zr^{4+}的位置，形成 Mg-O-Zr 结构，Mg^{2+}的电负性小于 Zr^{4+}，当形成 Mg-O-Zr 结构时，晶格氧的电子云密度提高，电负性增强，所以固体碱 MgO/ZrO_2 的表面的强碱性来源于晶格氧，Mg^{2+}嵌入 ZrO_2 晶格后，引起 O^{2-}电子云密度的变化，产生碱性位，并且这种碱性位会与载体结合在一起，且不容易流失。氢氧化锆以四聚体的形式存在，溶于水后变成四聚体离子，Mg^{2+}取代 Zr^{4+}的位置后，在高温焙烧的过程中发生一系列的物理和化学变化，如热分解反应中会除去载体中易挥发组分和一些化学结合水，然后发生固相反应，晶型变化，再结晶和烧结等，从而在催化剂表面形成碱性位，继而对 HCFC-22 有较高的水解率。

5.3.2　固体酸(碱) $MoO_3(MgO)/ZrO_2$ 催化水解 CFC-12 同一性研究

按 5.1.2 节的方法制备固体酸 MoO_3/ZrO_2 和固体碱 MgO/ZrO_2 催化剂，根据上述分析结果选取 6 种对 CFC-12 催化水解效果较好的固体酸和固体碱催化剂，图 5.19 为固体酸(碱) $MoO_3(MgO)/ZrO_2$ 催化水解 CFC-12 的曲线图。

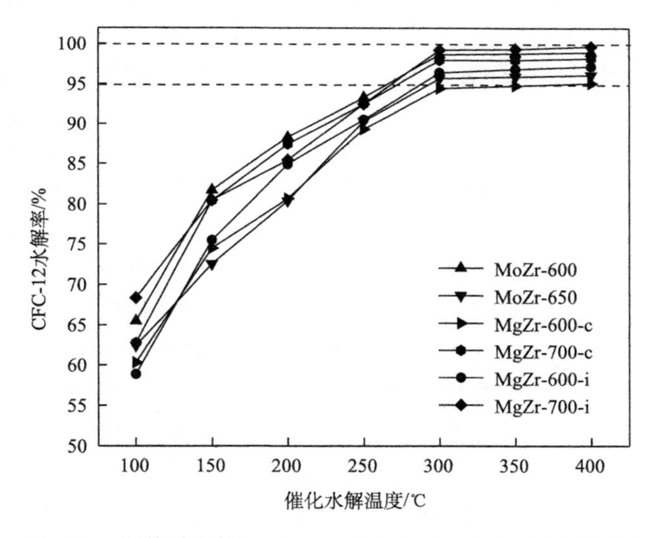

图 5.19　固体酸(碱) $MoO_3(MgO)/ZrO_2$ 对 CFC-12 的水解率

从水解产物、水解过程和水解效果进行同一性分析，催化剂制备条件(焙烧温度和焙烧时间)、催化水解条件(水解温度和 CFC-12 浓度)和催化剂表征结果(物相组成、比表面积和 NH_3/CO_2 吸附量)作为同一性观测点，总结得出固体酸(碱) $MoO_3(MgO)/ZrO_2$ 催化水解 CFC-12 的同一性见表 5.9。

表 5.9 固体酸(碱)MoO_3(MgO)/ZrO_2 催化水解 CFC-12 同一性

同一性观测点		MoZr	MgZr-c	MgZr-i	
催化剂制备条件	焙烧温度/℃	600	700	600	700
	焙烧时间/h	3	6	6	6
催化水解条件	水解温度/℃	300～400	300～400	300～400	300～400
	CFC-12 浓度/%	4	4	4	4
水解产物		CO、HCl、HF	CO、HCl、HF	CO、HCl、HF	CO、HCl、HF
表征结果	物相组成	t-ZrO_2	t-ZrO_2	t-ZrO_2、m-ZrO_2	t-ZrO_2、m-ZrO_2
	比表面积/(m^2/g)	95.972	34.411	51.709	30.844
	NH_3/CO_2 吸附量/(mmol/g)	0.58476	0.63761	0.72854	0.54632

由图 5.19 和表 5.9 可知，固体酸 MoZr-600-3 和固体碱 MgZr-700-6-c、MgZr-600-6-i、MgZr-700-6-i，在催化水解温度为 300～400℃，对 CFC-12 的水解率均达到 95%～100%，水解产物均为 CO、HCl 和 HF，水解过程相同，表明固体酸(碱)MoO_3(MgO)/ZrO_2 催化水解 CFC-12 具有同一性。

由前面固体酸 MoO_3/ZrO_2 对 CFC-12 的催化水解实验和表征分析可知，固体酸 MoO_3/ZrO_2 对 CFC-12 的催化活性包括弱酸位、中强酸位以及强酸位，MoO_3 与 ZrO_2 骨架以相对强的相互作用力结合在一起，形成一个强酸位点，而不是以连续的晶相或单独地平铺在载体 ZrO_2 的表面上，由其酸中心模型可知，固体酸 MoO_3/ZrO_2 存在由于 Zr^{4+} 而形成的 L 酸和三种形式的 B 酸，CFC-12 的分解主要为在水蒸气存在的条件下，在固体酸 MoZr 表面发生的水解反应，水蒸气的存在使得 MoO_3/ZrO_2 骨架结构上产生 B 酸中心，从而促使 CFC-12 水解为 HCl 和 HF。

由前面固体碱 MgO/ZrO_2 对 CFC-12 的催化水解实验和表征分析可知，MgO 与 ZrO_2 形成固溶体是固体碱 MgO/ZrO_2 对 CFC-12 有高催化活性的主要原因，也是 MgO/ZrO_2 产生强碱性的主要原因。当 MgO 与 ZrO_2 形成固溶体时，Mg^{2+} 进入 ZrO_2 的晶格，然后取代 Zr^{4+} 的位置，形成 Mg-O-Zr 结构，Mg^{2+} 的电负性小于 Zr^{4+}，当形成 Mg-O-Zr 结构时，晶格氧的电子云密度提高并且电负性增强，因此固体碱 MgO/ZrO_2 的表面的强碱性来源于晶格氧，Mg^{2+} 嵌入 ZrO_2 晶格后，引起 O^{2-} 电子云密度的变化，从而生成碱性位，并且这种碱性位会与 ZrO_2 载体结合在一起，且不容易流失。氢氧化锆溶于水后由四聚体 $[Zr_4(OH)_8(H_2O)_{18}]^{8+}$ 变成四聚体离子 $[Zr_4(OH)_{14}(H_2O)_{10}]^{2+}$，$Mg^{2+}$ 取代 Zr^{4+} 的位置后，经过高温焙烧发生一系列的物理变化和化学变化，如高温热分解会除去 ZrO_2 载体中挥发性组分和一些化学结合水，发生固相反应，产生晶型变化，最后再经过结晶和烧结等在催化剂表面形成碱性位。CFC-12 的水解反应中，首先将水蒸气吸附和解离在固体碱 MgO/ZrO_2 催化剂上，然后 CFC-12 会与固体碱 MgO/ZrO_2 催化剂表面吸附的水蒸气发生取代反应，进而生成 CO_2、HF、HCl 等。

5.3.3　固体酸(碱) $MoO_3(MgO)/ZrO_2$ 催化水解 HCFC-22(CFC-12)同一性对比

由以上对固体酸(碱) $MoO_3(MgO)/ZrO_2$ 催化水解 HCFC-22 的同一性分析可知，固体酸 MoZr-600-3 和固体碱 MgZr-600-6-c、MgZr-700-6-c、MgZr-700-6-i 在催化水解温度为 350～400℃时，对 HCFC-22 的水解具有同一性，固体酸 MoZr-600-3 和固体碱 MgZr-700-6-c、MgZr-600-6-i、MgZr-700-6-i，在催化水解温度为 300～400℃时，对 CFC-12 的水解具有同一性。固体酸 MoO_3/ZrO_2 和固体碱 MgO/ZrO_2 的物相均以 t-ZrO_2 晶相为主，均具有适中的比表面积。固体碱 MgO/ZrO_2 催化水解 CFC-12 效果比固体碱 MgO/ZrO_2 催化水解 HCFC-22 效果好，按照氟利昂的稳定性来比较，理应是 HCFC-22 比 CFC-12 催化水解更容易一些，这在一定程度上说明固体碱 MgO/ZrO_2 的特殊性。这是由于 MgO 与 ZrO_2 形成固溶体，Mg^{2+} 进入 ZrO_2 的晶格然后取代 Zr^{4+} 的位置，形成 Mg-O-Zr 结构，Mg^{2+} 的电负性小于 Zr^{4+}，当形成 Mg-O-Zr 结构时，晶格氧的电子云密度提高并且电负性增强，晶格氧使得固体碱 MgO/ZrO_2 表面具有强碱性。

5.4　本 章 小 结

(1) 不同条件下制备了固体酸 MoO_3/ZrO_2 和固体碱 MgO/ZrO_2，用其分别催化水解 HCFC-22 和 CFC-12。通过实验研究可知，固体酸 MoZr-600-3，在催化水解温度为 250℃时，HCFC-22 的水解率便达到了 99.99%，基本在低温催化达到了对 HCFC-22 的 100%水解。固体碱 MgZr-700-6-c，在催化水解温度为 400℃时，HCFC-22 的水解率达到 98.03%，固体碱 MgZr-700-6-i，在催化水解温度为 400℃时，HCFC-22 的水解率达到 96.41%，固体酸 MoO_3/ZrO_2 和固体碱 MgO/ZrO_2 均表现出了较好的催化活性。固体酸 MoO_3/ZrO_2 和固体碱 MgO/ZrO_2 催化水解 CFC-12 时，固体酸 MoZr-600-3，在催化水解温度为 400℃时，对 CFC-12 的水解率便达到了 98.91%，对 CFC-12 的水解较为彻底。固体碱 MgZr-700-6-c，在催化水解温度为 400℃时，对 CFC-12 的水解率达到 98.13%，固体碱 MgZr-700-6-i，在催化水解温度为 400℃时，对 CFC-12 的水解率达到 99.64%，固体酸 MoO_3/ZrO_2 和固体碱 MgO/ZrO_2 在催化水解 HCFC-22 和 CFC-12 时，均表现出很好的催化活性。

(2) 对固体酸 MoO_3/ZrO_2 和固体碱 MgO/ZrO_2 进行了 XRD、N_2 吸附-脱附和 NH_3/CO_2-TPD 表征。XRD 测试表明，固体酸 MoO_3/ZrO_2 的主要物相为四方 ZrO_2 晶相，焙烧温度较高时出现了 $Zr(MoO_4)_2$ 物相，未出现 MoO_3 的衍射峰。固体碱 MgZr-c 中的 ZrO_2 晶相以四方相的形式存在，未检测到 MgO 的衍射峰，形成了 MgO/ZrO_2 固溶体。固体碱 MgZr-i 的物相为四方相 ZrO_2 和单斜相 ZrO_2 的混合状态，未检测到 MgO 的衍射峰。N_2 吸附-脱附测试表明，随着催化剂焙烧温度的升高，催化剂的比表面积和总孔容逐渐减小，而 MgO/ZrO_2 的平均孔径依次增大，MoO_3/ZrO_2 的平均孔径先减小后增大，固体碱 MgZr-c 的比表面积相对 MgZr-i 有了较大提高。NH_3/CO_2-TPD 测试表明，固体酸 MoO_3/ZrO_2 有 3 个 NH_3 脱附峰，分别对应弱酸位脱附峰、中强酸位脱附峰和强酸位脱附峰，焙烧温度对催化剂酸性种类也有很大的影响。固体碱 MgZr-c 的 CO_2 脱附峰可分为两种，分别为 ZrO_2 的 CO_2 脱附峰和 ZrO_2 表面的 MgO 脱附峰。固体碱 MgZr-i 的 CO_2 脱附峰只有 ZrO_2 的 CO_2 脱附峰。

(3) 从催化剂用量、水解产物和水解效果进行催化等效性研究，发现固体酸 MoZr-600-3 在催化水解温度为 300～400℃时，HCFC-22 和 CFC-12 的水解率都为 95%～100%，催化剂用量都为 1.00 g，催化水解产物都为 CO、HCl 和 HF，具有等效性。

(4) 固体碱 MgZr-600-6-c，MgZr-700-6-c，在水解温度为 350～400℃时，对 HCFC-22 的水解率和固体碱 MgZr-700-6-c 在催化水解温度为 300～400℃时，对 CFC-12 的水解率都为 95%～100%，催化剂用量都为 1.00 g，催化水解产物都为 CO、HCl 和 HF，具有等效性。

(5) 固体碱 MgZr-700-6-i 在催化水解温度为 250～400℃对 HCFC-22 的水解率和固体碱 MgZr-600-6-i、MgZr-700-6-i 在催化水解温度为 300～400℃对 CFC-12 的水解率都为 95%～100%，催化剂用量都为 1.00 g，催化水解产物都为 CO、HCl 和 HF，具有等效性。

(6) 固体酸 MoO_3/ZrO_2 和固体碱 MgO/ZrO_2 对 HCFC-22 具有较强的催化活性，从水解产物、水解过程和水解效果进行同一性研究，研究发现，固体酸 MoZr-600-3 和固体碱 MgZr-600-6-c、MgZr-700-6-c、MgZr-700-6-i 在催化水解温度为 350～400℃时，HCFC-22 的水解率均达到 95%～100%，水解产物均为 CO、HCl 和 HF，水解过程相同，表明固体酸(碱) MoO_3 (MgO) /ZrO_2 催化水解 HCFC-22 具有同一性，固体酸 MoO_3/ZrO_2 和固体碱 MgO/ZrO_2 的物相均以 t-ZrO_2 晶相为主，HCFC-22 浓度为 4%，均具有适中的比表面积。

(7) 固体酸 MoO_3/ZrO_2 和固体碱 MgO/ZrO_2 对 CFC-12 具有较强的催化活性，从水解产物、水解过程和水解效果进行同一性研究，发现固体酸 MoZr-600-3 和固体碱 MgZr-700-6-c、MgZr-600-6-c、MgZr-700-6-i，在催化水解温度为 350～400℃时，CFC-12 的水解率均达到 95%～100%，水解产物均为 CO、HCl 和 HF，表明固体酸(碱) MoO_3 (MgO) /ZrO_2 催化水解 CFC-12 具有同一性，固体酸 MoO_3/ZrO_2 和固体碱 MgO/ZrO_2 的物相均以 t-ZrO_2 晶相为主，CFC-12 浓度为 4%，均具有适中的比表面积。

参 考 文 献

[1] 高红，宁平，刘天成，等. 氟利昂兴衰史的启示[J]. 生态经济, 2007,(3): 50-52.

[2] McCulloch A. Fluorocarbons in the global environment: a review of the important interactions with atmospheric chemistry and physics[J]. Journal of Fluorine Chemistry, 2003, 123(1): 21-29.

[3] Molina M J, Rowland F S. Stratospheric sink for chlorofluoromethanes: chlorine atom-catalysed destruction of ozone[J]. Nature, 1974, 249(5460): 810-812.

[4] Roland F S, Molina M J. Ozone depletion-20 years after the alarm[J]. Chemical and Engineering News, 1994, 72(33): 8-13.

[5] 高红，宁平，吴晓阳. 氟利昂制冷剂的替代与发展探讨[J]. 宁波化工, 2009,(2): 9-11.

[6] 郭英燕，孙书存，钦佩. 全球变化下有关卤代甲烷源汇的研究进展[J]. 生态环境，2005, 14(5): 768-776.

[7] 刘佳奇，霍冀川，雷永林，等. 发泡剂及泡沫混凝土的研究进展[J]. 化学工业与工程，2010, 27(1): 73-78.

[8] 中国将提前成温室气体排放最大国[N]. 参考消息, 2007-4-20(8).

[9] 袁俊宏. 我国萤石资源开发利用情况[J]. 有机氟工业, 2005(2): 27-29.

[10] 倪玉霞. 氟利昂燃烧前预混水解资源化研究[D]. 昆明：昆明理工大学, 2006.

[11] 张惠燕，徐明仙，张建君. CFC-12 催化加氢制备 HFC-32 的研究[J]. 化学与生物工程, 2007, 24(5): 27-28.

[12] Jasiński M, Mizeraczyk J, Zakrzewski Z, et al. Decomposition of C_2F_6 in atmospheric-pressure nitrogen microwave torch discharge[J]. Czechoslovak Journal of Physics, 2002, 52: 743-749.

[13] 王若禹. 臭氧洞的形成、危害及对策[J]. 河南大学学报：自然科学版, 2001, 31(2): 90-94.

[14] 邝生鲁. 化学工程师技术全书[M]. 北京：化学工业出版社, 2002: 1110-1111.

[15] 倪玉霞，宁平，侯明明. CFCs 资源化处理与处置方法[J]. 云南环境科学，2006, 25(1): 50-53.

[16] 韩维屏. 催化化学导论[M]. 北京：科学出版社, 2003.

[17]石晓玲. 氯氟烃的使用，危害及其相关的国际公约[J]. 贵州警官职业学院学报, 2007, 19(6): 108-110.

[18] 国家环保总局，国家发展改革委，商务部，等. 关于禁止生产销售、进出口以氯氟烃(CFCs)物质为制冷剂、发泡剂的家用电器产品的公告[Z]. 2007.

[19] 刘晓星，宋杰. 中国将以务实态度积极履约[N]. 中国环境报, 2007-7-3(1).

[20] 国家环境保护总局. 2008 年中国环境状况公报[Z]. 2009.

[21] 杨远良，涂中强. CFCs, HCFCs 类制冷工质的替代评述与展望[J]. 洁净与空调技术, 2006,(4): 10-12.

[22] Garry D H, Richard D E. Atmospherie chemical reaetivity and ozone-forming potentials of potential CFC replaeements [J]. Environmental Seienee & Technology, 1997, 31(2): 327-336.
[23] 毛海萍. R22 氟利昂制冷剂的替代[J]. 压缩机技术, 2011,(3): 27-29.
[24] 易朝丽, 米洁. 气雾剂抛射剂氟利昂替代品的研究现状[J]. 科技致富向导, 2010, 24: 109.
[25] 曾文革, 冯帅. 巴黎协定能力建设条款: 成就, 不足与展望[J]. 环境保护, 2015, 43(24): 39-42.
[26] 王正根, 王如竹. 固体吸附制冷用作农村家用冰箱和空调的可行性研究[C]. 上海市制冷学会一九九九年学术年会论文集　工程科技 II 集, 1999: 111-114.
[27] 张早校. 氯氟烃的再生分解与破坏技术分析[J]. 环境保护, 2002,(3): 22-24.
[28] Tajima M, Niwa M, Fujii Y, et al. Decomposition of chlorofluorocarbons in the presence of water over zeolite catalyst[J]. Applied Catalysis B: Environmental, 1996, 9(1): 167-177.
[29] 邹金宝. 熔融碱(盐)分解 CFC-12 研究[D]. 昆明: 昆明理工大学, 2009.
[30] 倪玉霞. 氟利昂燃烧前预混合水解资源化初步实验研究[D]. 昆明: 昆明理工大学, 2006.
[31] Imamura S, Shiomi T, Ishida S, et al. Decomposition of dichlorodifluoromethane of titania/silica[J]. Industrial & Engineering Chemistry Research, 1990, 29(9): 1758-1761.
[32] 高红. 氟利昂-12 预混合燃烧水解研究[D]. 昆明: 昆明理工大学, 2011.
[33] 缪培碧. 在水泥窑中销毁氟利昂[J]. 国外建译丛, 1997, (l): 49-52.
[34] 胡春华. 国外利用水泥窑的氟里昂分解装置概略阴[J]. 湖北林业科技, 2001,(3): 50-51.
[35] 穆焕文. 用等离子体化学对氟利昂及含氟废料等进行无害化处理闭[J]. 有机氟工业, 2003,(3): 56-58.
[36] 水野光一. 用等离子法分解氟利昂[J]. 低温与特气闭, 1990,(3): 53-54.
[37] Guohong D, Yue Z, Yong Y, et al. Decomposition of gaseous CF_2ClBr by cold plasma method[J]. Journal of Environmental Sciences, 1997, 9(1): 11-19.
[38] 金海燕, 王兴华, 王宝君, 等. 微波等离子体用于消除温室气体全氟化物的研究进展[J]. 理化检验-化学分册, 2010, 46(9): 1099.
[39] Liu Z, Pan X, Dong W, et al. Decomposition of CF_3Cl by corona discharge [J]. Journal of Environmental Science, 1997, (1): 95-99.
[40] Gal' A, Ogata A, Futamura S, et al. Mechanism of the dissociation of chlorofluorocarbons during nonthermal plasma processing in nitrogen at atmospheric pressure[J]. Journal of Physical Chemistry A, 2003, 107(42): 8859-8866.
[41] Wang Y F, Lee W J, Chen C Y, et al. Decomposition of dichlorodifluoromethane by adding hydrogen in a cold plasma system[J]. Environmental Science & Technology, 1999, 33(13): 2234-2240.
[42] 陈登云. 用 H_α 线研究 Freon12(CF_2Cl_2)对电感耦合等离子体(ICP)电子密度的影响——ICP技术在危险废弃物处理方面的应用研究[J]. 光谱学与光谱分析, 1998, 18(2): 199-204.
[43] Zakharenko V S, Parmon V N. Photoadsorption and photocatalytic processes affecting the composition of the Earth's atmosphere: II. dark and photostimulated adsorption of Freon 22(CHF_2Cl) on MgO[J]. Kinetics and Catalysis, 2000, 41(6): 756-759.

[44] Mel'nikov M Y, Baskakov D V, Feldman V I. Spectral characteristics and transformations of intermediates in irradiated Freon 11, Freon 113, and Freon 113a[J]. High Energy Chemistry, 2002, 36(5): 309-315.

[45] Hirai K, Nagata Y, Maeda Y. Decomposition of chlorofluorocarbons and hydrofluorocarbons in water by ultrasonic irradiation[J]. Ultrasonics Sonochemistry, 1996, 3(3): S205-S207.

[46] Coq B, Cognion J M，Figueras F, et al. Conversion under hy-drogen of dichlorodifluoromethane over supported palladium catalysts[J]. J Catal, 1993,141：21.

[47] 田秀梅, 周启星, 王林山. 氯烃类污染物的生态行为与毒理效应研究进展[J]. 生态学杂志, 2005, 24(10): 1204-1210.

[48] Zuiderweg A, Kaiser J, Laube J C, et al. Stable carbon isotope fractionation in the UV photolysis of CFC-11 and CFC-12[J]. Atmospheric Chemistry and Physics, 2012, 12(10): 4379-4385.

[49] Tajima M, Niwa M, Fujii Y, et al. Decomposition of chlorofluorocarbons in the presence of water over zeolite catalyst[J]. Applied Catalysis B: Environmental, 1996, 9(1): 167-177.

[50] Takita Y, Ishihara T. Catalytic decomposition of CFCs[J]. Catalysis Surveys from Asia, 1998, 2(2): 165-173.

[51] Zhang H, Ng C F, Lai S Y. Catalytic decomposition of chlorodifluoromethane (HCFC-22) over platinum supported on TiO_2-ZrO_2 mixed oxides[J]. Applied Catalysis B: Environmental, 2005, 55(4): 301-307.

[52] Tajima M, Niwa M, Fujii Y, et al. Decomposition of chlorofluorocarbons on W/TiO_2-ZrO_2[J]. Applied Catalysis B: Environmental, 1997, 14(1): 97-103.

[53] Karmakar S, Greene H L. An investigation of CFC-12 (CCl_2F_2) decomposition on TiO_2 catalyst[J]. J Catal, 1995, 151(2):394-406.

[54] 梁建军. 多酸化学简史[J]. 大学化学, 2007, 1: 67-68.

[55] Liu T, Ning P, Wang Y, et al. Catalytic decomposition of dichlorodifluoromethane (CFC-12) over solid super acid MoO_3/ZrO_2[J]. Asian Journal of Chemistry, 2010,22(6): 4431-4438.

[56] Ma Z，Hua W，Tang Y，et al. Catalytic decomposition of CFC-12 over solid acids WO_3/M_xO_y (M=Ti, Sn, Fe)[J]. Journal of Molecular. Catalysis A: Chemical, 2000, 159(2): 335-345.

[57] Hua W, Zhang F, Ma Z, et al. WO_3/ZrO_2 Strong acid as a catalyst for the decomposition of chlorofluorocarbon (CFC-12)[J]. Chemical Research in Chinese Universities, 2000, 16(2): 185-187.

[58] Liu T C, Ning P, Wang H B, et al. Catalytic Hydrolysis of CCl_2F_2 over Solid Base CaO/ZrO_2[C]. Advanced Materials Research. Trans Tech Publications,2013,652: 1533-1538.

[59] Zhen M A, Wei M H, Yi T, et al. A novel CFC-12 hydrolysis catalyst:WO_3/SnO_2[J]. Chin Chem Lett, 2000, 11(1):87-88.

[60] 刘天成. ZrO_2基固体酸碱催化水解低浓度氟利昂的研究[D]. 昆明：昆明理工大学, 2010.

[61] McCulloch A, Midgley P M, Ashford P. Releases of refrigerant gases (CFC-12, HCFC-22 and HFC-134a) to the atmosphere[J]. Atmospheric Environment, 2003, 37(7): 889-902.

[62] Lai S Y, Zhang H, Ng C F. Deactivation of gold catalysts supported on sulfated TiO_2-ZrO_2 mixed

oxides for CO oxidation during catalytic decomposition of chlorodifluoromethane (HCFC-22)[J]. Catalysis Letters, 2004, 92(3-4): 107-114.

[63] Morato A, Alonso C, Medina F, et al. Palladium hydrotalcites as precursors for the catalytic hydroconversion of CCl_2F_2 (CFC-12) and $CHClF_2$ (HCFC-22) [J]. Applied Catalysis B: Environmental, 2001, 32 (3): 167-179.

[64] Liu T C, Guo Y J, Ning P, et al. Kinetics study on catalytic hydrolysis of CCl_2F_2 over solid acid MoO_3/ZrO_2[J]. Advanced Materials Research, 2013, 750-752: 1283-1286.

[65] 罗金岳, 陈蓉, 安鑫南. MoO_3/ZrO_2 催化合成乙酸异龙脑酯[J]. 南京林业大学学报(自然科学版), 2006, 30(6): 51-54.

[66] 罗金岳, 蔡智慧, 张桂举, 等. 微波辐照下 MoO_3/ZrO_2 催化合成甲酸异龙脑酯[J]. 香料香精化妆品, 2005, (3): 8-10.

[67] 罗金岳, 张晓萍, 安鑫南. MoO_3/ZrO_2 催化 α-蒎烯异构化反应的研究[J]. 林产化学与工业, 2004, 24(3): 26-30.

[68] 孙宇, 李丰富. MoO_3/ZrO_2 固体酸催化合成二甲基硅油[J]. 化工科技, 2019, 27(5): 55-60.

[69] 孙闻东, 许利苹, 刘海燕, 等. MoO_3/ZrO_2 纳米固体强酸催化剂的制备及其在异丁烷-丁烯烷基化反应中的应用[J]. 高等学校化学学报, 2004, 25(8): 1499-1503.

[70] 王亚明, 刘天成, 周梅村, 等. 固体超强酸 MoO_3/ZrO_2 催化松节油合成松油醇的研究[J]. 林产化学与工业, 2004, 24(S1): 57-60.

[71] 董国君, 李婷. MgO/ZrO_2 的制备表征及催化合成碳酸二异辛酯[J]. 精细化工, 2009, 26(2): 166-169.

[72] 李婷. 固体碱催化剂 MgO/ZrO_2 催化合成碳酸二异辛酯的研究[D]. 哈尔滨: 哈尔滨工程大学, 2009.

[73] 王欢欢, 庞丹丹, 郑尧, 等. MgO-ZrO_2 固体碱催化废弃动物油制备生物柴油[J]. 环境工程学报, 2016, 10(3): 1484-1491.

[74] 黄艳芹. 固体碱 MgO/ZrO_2 催化大豆油制备生物柴油[J]. 中州大学学报, 2012, 29(4): 103-105.

[75] 刘水刚, 黄世勇, 魏伟, 等. 新型固体碱介孔 MgO-ZrO_2 的制备及催化性能研究[J]. 现代化工, 2007, 27(9): 35-37.

[76] Liu T C, Ning P, Wang H B, et al. Catalytic decomposition of CCl_2F_2 over solid base Na_2O/ZrO_2[J]. Advanced Materials Research, 2013, 634: 494-499.

[77] Liu T C, Ning P, Wang H B, et al. Catalytic hydrolysis of CCl_2F_2 over solid base CaO/ZrO_2[J]. Adv Mater Res, 2013, 652: 1533-1538.

[78] 黄家卫, 唐光阳, 贾丽娟, 等. MoO_3/ZrO_2-TiO_2 固体酸催化水解 HCFC-22[J]. 环境工程学报, 2017, 11(1): 408-412.

[79] 赵光琴, 唐光阳, 贾丽娟, 等. 固体酸 MoO_3/ZrO_2-TiO_2 的制备和催化性能的研究[J]. 云南大学学报(自然科学版), 2018, 40(4): 755-759.

[80] 赵光琴, 刘天成, 贾丽娟, 等. MoO_3/ZrO_2-TiO_2 固体酸催化水解 HCFC-22 和 CFC-12 的研究[J]. 云南民族大学学报(自然科学版), 2018, 27(3): 197-201.

[81] 赵光琴, 贾丽娟, 唐光阳, 等. TiO_2/ZrO_2固体酸催化水解 $CHClF_2$和 CCl_2F_2的研究[J]. 环境工程, 2017, 35(S2): 138-140.

[82] 赵光琴, 唐光阳, 贾丽娟, 等. MgO/ZrO_2固体碱的制备及催化性能研究[J]. 应用化工, 2018, 47(7): 1350-1352.

[83] Ren G Q, Jia L J, Zhao G Q, et al. Catalytic decomposition of dichlorodifluoromethane (CFC-12) over MgO/ZrO_2 solid base catalyst[J]. Catalgsis Letters, 2019, 149(2): 507-512.

[84] 周童, 赵光琴, 贾丽娟, 等. 固体碱 CaO/ZrO_2催化水解氟利昂[J]. 应用化工, 2019, 48(4): 820-822.

[85] 任国庆, 周童, 李志倩, 等. CaO/ZrO_2固体碱催化水解 CFC-12 的研究[J]. 分子催化, 2019, 33(3): 253-262.

[86] 周童, 贾丽娟, 任国庆, 等. 复合催化剂 MoO_3-MgO/ZrO_2 催化水解氟利昂[J]. 应用化工, 2020, 49(4): 863-866.

[87] Zhen M, Hua W M, Yi T, et al. Catalytic decomposition of CFC-12 over on solid acids SO_4^{2-}/M_xO_y (M=Zr, Ti, Sn, Fe, Al) [J]. Chin J Chem, 2000, 18(3): 341-345.

[88] Tutzing E J. Method of decomposing organic halogen compounds in gaseous phase: 4935212[P]. US. 1990-06-19.

[89] Takita Y, Ninomiya M, Matsuzaki R, et al. Decomposition of chlorofluorocarbons over metal phosphate catalysts Part I. decomposition of CCl_2F_2 over metal phosphate catalysts[J]. Chem Chem Phys, 1999, 1(9): 2367-2372.

[90] Takita Y, Moriyama J I, Yoshinaga Y, et al. Adsorption of water vapor on the $AlPO_4$-based catalysts and reaction mechanism for CFCs decomposition[J]. Applied Catalysis A: General, 2004, 271(1): 55-60.

[91] 刘天成, 李志倩, 周童, 等. MoO_3-MgO/ZrO_2复合催化剂催化水解 HCFC-22 的研究[J]. 云南大学学报(自然科学版), 2020, 42(2): 338-344.

[92] McCulloch A, Midgley P M, Ashford P. Releases of refrigerant gases (CFC-12, HCFC-22 and HFC-134a) to the atmosphere[J]. Atmospheric Environment, 2003, 37(7): 889-902.

[93] Lai S Y, Zhang H, Ng C F. Deactivation of gold catalysts supported on sulfated TiO_2-ZrO_2 mixed oxides for CO oxidation during catalytic decomposition of chlorodifluoromethane (HCFC-22) [J]. Catalysis Letters, 2004, 92(3-4): 107-114.

[94] Morato A, Alonso C, Medina F, et al. Palladium hydrotalcites as precursors for the catalytic hydroconversion of CCl_2F_2 (CFC-12) and $CHClF_2$ (HCFC-22) [J]. Applied Catalysis B: Environmental, 2001, 32(3): 167-179.

[95] McCulloch A, Midgley P M, Lindley A A. Recent changes in the production and global atmospheric emissions of chlorodifluoromethane (HCFC-22) [J]. Atmospheric Environment, 2006, 40(5): 936-942.

[96] Wang I, Chang W F, Shiau R J, et al. Nonoxidative dehydrogenation of ethylbenzene over TiO_2-ZrO_2 catalysts: I. effect of composition on surface properties and catalytic activities[J]. Journal of Catalysis, 1983, 83(2): 428-436.

[97] Vishwanathan V, Roh H S, Kim J W, et al. Surface properties and catalytic activity of TiO_2-ZrO_2 mixed oxides in dehydration of methanol to dimethyl ether[J]. Catalysis Letters, 2004, 96(1-2): 23-28.

[98] 范崇政，肖建平．纳 TiO_2 的制备与光催化反应研究进展[J]．科学通报，2001，46(4): 265-273.

[99] 李红，王霞，郭奋，等．TiO_2 光催化涂料的制备及其降解甲醛研究[J]．环境工程学报，2010，(1): 142-146.

[100] 马中义，徐润，杨成，等．不同形态 ZrO_2 的制备及其表面性质研究[J]．物理化学学报，2004, 20(10): 1221-1225.

[101] 尚倩倩，刘群，肖国民．固体超强酸 SO_4^{2-}/ZrO_2 催化合成环己酮甘油缩酮[J]．东南大学学报：自然科学版, 2011, 41(1): 140-144.

[102] Oehrlein G S, Zhang Y, Vender D, et al. fluorocarbon high-density plasmas. I. fluorocarbon film deposition and etching using CF_4 and CHF_3[J]. Journal of Vacuum Science and Technology A, 1994, 12(2): 323-332.

[103] Smolinsky G, Flamm D L. The plasma oxidation of CF_4 in a tubular-alumina fast-flow reactor[J]. Journal of Applied Physics, 1979, 50(7): 4982-4987.

[104] Vishwanathan V, Roh H S, Kim J W, et al. Surface properties and catalytic activity of TiO_2-ZrO_2 mixed oxides in dehydration of methanol to dimethyl ether[J]. Catalysis Letters, 2004, 96(1-2): 23-28.

[105] 于兵川，吴洪特．复合固体超强酸 $SO4_2$-/ZrO_2-TiO_2 催化合成柠檬酸三丁酯[J]．化学与生物工程, 2010, 27(11): 10-12.

[106] 李文，张文忠．三种晶型 ZrO_2 的制备及其催化性能的研究[J]．天然气化工(C1 化学与化工), 1995, 20(2): 28-30.

[107] 崔志民，郝静．催化碳酸二甲酯合成的多级结构花状 MgO 催化剂的制备与表征[J]．中国科技论文在线, 2015: 1-6.

[108] 董静，刘苏，宣东，等．高比表面氧化镁催化剂的制备及性能[J]．化学反应工程与工艺，2013, 29(4): 327-331.

[109] 方晨，文振中，陈凯，等．微型环状反应器 CaO 催化剂涂层制备生物柴油研究[J]．广东化工, 2016, 43(11): 10-11.

[110] 刘宝亮，花颖，袁志明．CaO 催化剂催化橄榄油制备生物柴油[J]．农机化研究，2011，33(5): 210-213.

[111] 尹锡俊，龙能兵，张祥洲，等．大孔 MgO/ZrO_2 固体碱的制备及催化性能[J]．无机化学学报, 2013, 29(4): 739-746.

[112] 李婷．固体碱催化剂 MgO/ZrO_2 催化合成碳酸二异辛酯的研究[D]．哈尔滨：哈尔滨工程大学, 2009.

[113] Huang Y Q. Preparation of biodiesel from soybean oil catalyzed by solid basic catalyst MgO/ZrO_2[J]. Journal of Zhongzhou University, 2012.

[114] 郑少华，王平，王介强，等．超声波-共沉淀法制备 ZrO_2-MgO 超细粉[J]．江西建材，2004,

10(4): 17-20.

[115] 刘柳辰, 孙驰贺, 文振中, 等. 模板法制备 CaO/ZrO_2 催化剂催化菜籽油合成生物柴油[J]. 石油化工, 2014, 43(7): 774-779.

[116] 任勃, 李茹民, 董国君, 等. CaO/ZrO_2 固体碱的制备及催化合成碳酸二异辛酯[J]. 应用科技, 2006, 33(11): 66-68.

[117] 刘天成, 宁平, 王红斌, 等. MoO_3/ZrO_2 催化分解氟利昂的工艺研究[J]. 环境工程, 2009, (s1): 319-321.

[118] Imamura S, Higashihara T, Jindai H. Reactivating effect of water on freon 12 decomposition catalysts[J]. Chemistry Letters, 2006, (10): 1667-1670.

[119] Ng C F, Shan S, Lai S Y. Catalytic decomposition of CFC-12 on transition metal chloride promoted γ-alumina[J]. Applied Catalysis B: Environmental, 1998, 16(3): 209-217.

[120] Hua W, Feng Z, Zhen M, et al. Catalytic hydrolysis of chlorofluorocarbon(CFC-12) over WO_3/ZrO_2[J]. Catalysis Letters, 2000, 65(1-3): 85-89.

[121] 毛东森, 卢冠忠, 陈庆龄. 钛锆复合氧化物的制备及催化性能的研究[J]. 工业催化, 2005, 13(4): 1-6.